Einstein: Relatività Speciale
Quasi-divulgativa, con biografie di 16 scienziati

Serie: Panoramica scientifica dell'Universo

Einstein: Relatività Speciale
Quasi-divulgativo, Con 16 biografie di scienziati

Serie: Panoramica scientifica dell'Universo 2

Edizione italiana

Disponibile su Amazon in formato eBook: http://amzn.to/2FSTSmN

Ettore Accenti
Linkedin: Ettore Accenti
Blog: http://ettoreaccenti.blogspot.ch/
Link ai miei libri pubblicati: http://amzn.to/1YYcPaI

Ettore Accenti Publishing

Ettore Accenti
Einstein: Relatività Speciale. Quasi-divulgativa, con biografie di 16 scienziati
Serie: Panoramica scientifica dell'Universo
Edizione italiana

ISBN-13: 978-1986660280 ISBN-10: 1986660281

Copyright © 2018 EDIZIONI ACCENTI

Dedica

A mia moglie Eva, che ha corretto il testo e fornito molti utili suggerimenti sul contenuto.

L'autore

Fin dall'età scolare sono rimasto affascinato dal mistero insito nelle scienze e la matematica che le descrive.

Questo amore per l'ignoto mi ha portato a soddisfare sempre la mia curiosità leggendo i libri di Astronomia e di Fisica che trovavo nella vecchia biblioteca di famiglia ed in particolare "L'Astronomia popolare" del 1885, scritta dal famoso astronomo francese Camillo Flammarion, che ancora conservo gelosamente ed i lavoro di Einstein sulla relatività.

Inoltre, durante i miei numerosi viaggi non perdevo occasione per visitare osservatori astronomici come Monte Palomar e musei scientifici di ogni genere.

Una laurea al Politecnico di Milano in ingegneria e poi una complessa famiglia e la mia attività come imprenditore nel mondo della tecnologia hanno limitato questo mio hobby che non ho mai abbandonato.

Ora, con i quattro figli indipendenti, i dieci nipotini ben accuditi dai rispettivi genitori ed una moglie che si occupa delle cose di tutti i giorni, lo scrivere un libro di cucina, un altro di archeologia il correggere pazientemente le bozze dei miei libri, posso tranquillamente dedicarmi alla ricerca ed alla pubblicazione dell'oggetto della mia passione: la Fisica e l'Astrofisica.

Premessa alla serie

Le scienze che desidero trattare in questa serie spaziano dalla fisica all'astrofisica e dalla matematica alla cosmologia, tutti argomenti che si correlano fra di loro per giungere a spiegarci come funziona l'universo.

Il primo volume intitolato "[Astrofisica 1. Dal Big Bang ai Buchi Neri](http://amzn.to/2tTA7dC)" (http://amzn.to/2tTA7dC) contiene una doverosa premessa che sfiora la moderna fisica einstainiana della relatività ed i fondamenti della fisica delle particelle per giungere a spiegare come nascono le stelle, i buchi neri e l'universo tutto.

L'esperienza acquisita con la mia serie di [libri tecnologici](http://amzn.to/2DBN9Mt) (http://amzn.to/2DBN9Mt) e soprattutto l'incoraggiamento dei miei numerosi lettori mi spingono a dedicare quasi tutto il mio tempo a ristudiare le mie vecchie letture e, spesso, a leggerne di nuove per la non facile attività di rendere i contenuti accessibili a molti.

Inoltre mi sforzo di conciliare la generalizzazione dei testi senza scendere in eccessivi compromessi con la facile divulgazione, perdendo quella rigorosità che ritengo importante.

Da quando ero uno studente, molti anni fa, mi avevano affascinato le visite a planetari e alcune letture di astronomia, ma l'approfondimento di quegli argomenti ben presto mi fu reso difficile da altri studi universitari e poi dall'intensa attività lavorativa. Ora dispongo di tutto il mio tempo, situazione meravigliosa e lo utilizzo per scegliere e studiare gli argomenti che prediligo.

Questi libri non sostituiscono certo il vero studio sui testi ufficiali ma ricordo bene quanto, da studente, certi testi riassuntivi e seri mi fossero utili per una rapida rilettura di qualsiasi argomento scolastico o di cui volevo, in poche ore, conoscerne gli elementi fondamentali.
Affrontando argomenti generalmente difficili, questa serie vuole offrire al lettore un'utilità nel senso del tempo richiesto per leggerli,

tralasciando parti che non considero essenziali e rimandando ai link internet citati.

Anche il lettore esperto potrà richiamare alla sua memoria quanto studiato o completare rapidamente le sue conoscenze nell'ambito scientifico.

Mantenendo una rigorosità scientifica questa serie utilizzerà tre formati nel testo, in aggiunta al carattere normale:

Grassetto: le parti il cui contenuto è importante e che riassume concludendole le argomentazioni che le precede.

Corsivo: le parti storiche che descrivono punti biografici, parti di testi originali e l'evoluzione del pensiero degli scienziati coinvolti.

In blu e sottolineato: <u>collegamenti internet</u> selezionati per consentire al lettore meno frettoloso di accedere ad argomenti rintracciabili sul web evitandogli la faticosa ricerca di testi affidabili

SOMMARIO

Premessa alla serie **9**

Premessa al libro **13**

La meccanica classica non è sufficiente **19**

Sistemi di riferimento **23**

Postulato sulla relatività del tempo **27**

Postulato sulla velocità della luce **35**

Conseguenze dei due postulati **43**

Relatività speciale: considerazioni finali **51**

Esperimento Michelson-Morley **55**

Relatività ed elettromagnetismo **59**

Equivalenza massa energia **63**

GRANDI SCIENZIATI **75**

Congresso Solvay del 1927 .... **77**

Stephen Hawking (1942 – 2018) **79**

Edwin Powell Hubble (1889 – 1953) **81**

Arthur Eddington (1882 – 1944) **83**

Karl Schwarzschild (1873 – 1916) **85**

Albert Einstein (1872 – 1955) **87**

Ermann Minkowski (1864 – 1909) **89**

David Hilbert (1862 – 1943) **91**

Jules Henri Poincaré (1854 – 1912) 93

Hendrik Antoon Lorentz (1853 – 1928) 95

Gergorio Ricci Curbastro (1853 – 1925) 97

Ernst Waldfried Josef Wenzel Mach (1838 – 1916) 99

James Clerk Maxwell (1831 – 1879) 101

Georg Friedrich Bernhard Riemann (1826 – 1866) 103

Isaac Newton (1643 – 1727) 105

Galileo Galilei (1564 – 1642) 107

Conclusione 109

Premessa al libro

Della teoria della relatività speciale che Einstein definiva "ristretta" e di quella generale descritte da Albert Einstein, rispettivamente nel 1905 e nel 1916, sono state pubblicate migliaia di versioni, forse più dei racconti di Giulio Verne, Emilio Salgari ed altri cento tipi di romanzi messi insieme.

Credo io stesso di averne letti una decina, i primi ai tempi dell'università e, quando decisi di approfondire l'argomento.

Si tratta di teorie che hanno letteralmente sconvolto sia il senso comune sia quello scientifico che al tempo di Einstein erano molto ben radicate nelle persone e nei circoli scientifici, teorie definite classiche.

La prima teoria, quella speciale del 1905, elimina i concetti di simultaneità, del tempo assoluto ed introduceva il nuovo concetto di spazio-tempo.

La seconda, quella del 1916, introduce la gravità come elemento che distorce lo spazio-tempo dandone anche la misura della distorsione.

Una visione completamente nuova della realtà, le cui equazioni che la descrivono e che Einstein dimostrò, hanno retto a tutte le prove fino ai nostri tempi.

E per non parlare delle incredibili conseguenze pratiche che sarebbero state impossibili senza quelle basi teoriche come l'energia atomica, i nostri sistemi GPS, i buchi neri, le onde gravitazionali e persino quanto oggi sappiamo sull'origine dell'universo.

Il testo che più mi è servito per approfondire la relatività fu scritto dallo stesso Einstein e spiega ai non specialisti la sua teoria, testo di cui riporto alcune citazioni in carattere corsivo in questo mio libro, anche per il valore storico che hanno.

Qui tratteremo solo la teoria della relatività speciale lasciando ad un prossimo libro la teoria generale della relatività, sottolineando che se la prima teoria è abbastanza complicata da comprendere e che a suo tempo fui costretto a rileggere diverse volte per chiarirmi i concetti, la seconda richiede uno sforzo ben maggiore.

Una bella immagine di Albert Einstein a 6 anni con la sua piccola sorella

Premessa al libro

Allo scopo di far comprendere ad un diligente lettore che si appresta a leggere qualcosa di non semplice e consolarlo se avrà qualche difficoltà, riporto cosa disse lo scienziato Arthur Eddington, nel 1921.

Il premio Nobel Eddington, grande ammiratore e studioso di Einstein, fu il primo che nel 1919 confermò le teorie di Einstein eseguendo delle verifiche astronomiche sulla curvatura della luce durante un eclisse totale in Sudafrica.

Un giorno un giornalista gli chiese se fosse vero che al mondo solo tre persone avessero capito la teoria della relatività. E lui rispose: "Chi è il terzo?".

Mi avvalgo anche di altri documenti che andrò citando mano a mano che il lettore procederà e le ricerche su internet con i link riportati gli consentiranno di approfondire le sue conoscenze.

Di tutta la faccenda di Einstein, ritenuto il più importante scienziato del secolo scorso, non posso fare a meno di sottolineare come questo grande giunse alle sue prime conclusioni quando era un giovane di 24 anni. Non disponeva nemmeno di un piccolo laboratorio o di una qualche cattedra universitaria ed inoltre aveva pochi collegamenti con altri scienziati.

Dico questo perché oggi viene affermato spesso da politici e non che per raggiungere vette scientifiche elevate occorrono grandi investimenti, favolosi centri di ricerca a livello mondiale, ecc. ecc. ... Einstein mi sembra smentire alla grande questo fatto.

Albert Einstein ai tempi delle sue prime conferenze

Indubbio comunque che la prova delle sue intuizioni derivino anche da ricerche ed esperimenti fatti da altri scienziati come la verifica dell'indipendenza della velocità della luce da qualsiasi sistema di riferimento con un famoso esperimento del 1887 realizzato dagli scienziati americani Michelson e Morley:

Michelson-Morley, INFN, sez. Napoli (http://bit.ly/2DhDKta)

Einstein si trovò poi già pronto il meraviglioso castello matematico delle equazioni di James Maxwell con cui quel geniale scozzese rappresentava con matematica precisione l'interconnessione tra il campo elettrico ed il campo magnetico.

Per non parlare delle insufficienti ma penetranti ipotesi di Hendrik Lorentz per spiegare gli strani risultati dell'esperimento di Michelson-Morley.

Albert Einstein, quarantenne al centro della notorietà come scienziato

Possiamo quindi affermare come la genialità di Einstein sia consistita nell' intuire con puri ragionamenti la verità scientifica e risolvendo le incongruenze sperimentali del suo tempo e, poi, dimostrare le sue ipotesi utilizzando lo strumento matematico.

In questo libro che tratta della teoria della relatività speciale impareremo come la realtà fisica sia molto diversa dal senso comune e concluderemo con Einstein che: *"Gli oggetti che si muovono rispetto a noi ad alta velocità, vicino alla velocità della luce "c", diventano sempre più corti. Noi non ce ne accorgiamo perché la velocità della luce $c=3\times 10^8$ m/s è incredibilmente grande.*

Con la contrazione delle lunghezze impareremo dell'esistenza della dilatazione del tempo, il non accordo della simultaneità e come l'energia e la massa siano equivalenti fra loro secondo la notissima formula $E = mc^2$ ".

Albert Einstein, settantenne quando era in piena maturità a Princeton in USA

La meccanica classica non è sufficiente

Prima di procedere, dobbiamo rispondere ad una domanda comune che sento porre spesso, soprattutto da parte degli studenti.

Ma se la scienza ed in particolare la matematica sono strumenti così perfetti e predittivi, perché mai continuiamo a correggere le varie teorie: perché tutta la meccanica classica creata da Galileo, e soprattutto da Newton, poi Einstein l'ha completamente capovolta?

Perché oggi molti ritengono sbagliate le equazioni di Newton sulla gravità e dicono che quelle giuste sono solo le equazioni gravitazionali della teoria generale della relatività di Einstein?

In queste domande sta già la risposta e cioè che non c'è nulla di sbagliato nelle teorie di Newton, anzi noi ancora oggi adottiamo quelle equazioni per i vari calcoli sulla Terra e persino per calcolare le orbite dei pianeti e le traiettorie dei satelliti artificiali.

Per chiarire questo fondamentale punto dobbiamo comprendere due concetti non così evidenti a prima vista e che sono:

1 - campo di validità di un modello
2 - ipotesi di partenza, postulati o assiomi.

Nei corsi di matematica, quando si studiano le funzioni, occorre dare due informazioni: l'equazione che descrive la funzione e l'intervallo o campo di validità.

Cosa significa questo? Che un modello matematico di un qualcosa, non è valido per qualsiasi arbitrario valore dei parametri, ma solo per certi valori al di fuori dei quali quel modello potrebbe non essere rappresentativo del fenomeno in esame.

Quindi, importantissimo, ogni modello è valido in base alle ipotesi di partenza e per ben precisi campi di valori.
Uscendo da quei valori o meglio, volendo allargare il campo di validità della teoria, quasi sempre dobbiamo cambiare modello o aggiustarlo.

Così, fino a che ragioniamo con velocità molto piccole rispetto alla velocità della luce, cioè le nostre velocità abituali, il modello e le equazioni di Newton sono largamente sufficienti, mentre se vogliamo calcolare oggetti che si muovono a velocità prossime a quelle della luce, il nostro Newton se ne va a farsi benedire e dobbiamo perciò ricorrere al più moderno Einstein ed alle sue equazioni.

Newton non aveva affatto sbagliato, il suo modello era ed è validissimo, ma non usatelo al CERN per calcolare le traiettorie dei protoni!

L'esperimento di Michelson-Morley, per la prima volta alle prese con la velocità della luce, rivelò un fatto prima non solo sconosciuto ma contro intuitivo.

Noi tutti, e così tutti i nostri avi, sappiamo bene che se su un treno in moto corriamo verso la locomotiva la nostra velocità rispetto ai binari sarà la somma delle due velocità, quella del treno più la nostra.
Come avremmo potuto pensare che se su un'astronave che viaggia a 150.000 kilometri al secondo ed accendiamo un faro davanti,

la cui luce sappiamo che viaggia a 300.000 kilometri al secondo, la velocità combinata della luce e dell'astronave non è 450.000 kilometri al secondo ma sempre 300.000 kilometri al secondo sia per chi la misura dalla Terra e sia per chi sta sull'astronave?

E' per spiegare questa apparente assurdità che nasce tutta la meccanica moderna.

Certo che se il faro lo accendiamo sul davanti anche di un treno ad alta velocità, i sui 0,1 kilometri al secondo sono totalmente trascurabili rispetto ai 300.000 della luce e tanto vale utilizzare la vecchia e cara meccanica classica dei buoni Galileo e Newton che studiamo al liceo.

Nel nostro mondo di tutti i giorni l'enorme velocità della luce fa si che la si possa considerare come una velocità infinita ed inserendo questo valore infinito nelle equazioni di Einstein otteniamo le equazioni della meccanica classica di Newton.

Ecco che Einstein risolse tutto e pubblicò nel 1905 sulla rivista tedesca Annalen der Physik un articolo intitolato "**Elettrodinamica dei corpi in movimento**" ed è questo il lavoro che viene considerato il capolavoro teorico e costitutivo della "**teoria della relatività speciale**" a cui questo libro si riferisce, teoria che si basa su due postulati:

1 - **Postulato sulla relatività del tempo**
2 - **Postulato sulla costanza della velocità della luce**

La vignetta che segue riassume in modo ironico la differenza sostanziale tra la meccanica classica di Newton e quella relativistica formulata da Einstein.

Conversazione immaginaria tra Einstein e Newton

Sistemi di riferimento

A qualche lettore ansioso di entrare nel cuore dell'argomento per cui Einstein perse notti insonni parrà strano che io desideri approfondire un argomento apparentemente semplice e noto dai tempi della scuola.

Chi già mastica argomenti di geometria e matematica superiore può senz'altro saltare questo capitolo, ma nella mia esperienza ho potuto verificare come sia importante chiarire alcuni concetti che riguardano da vicino i prossimi capitoli.

Comincerò col ricordare il sistema di riferimento che si studia alle scuole superiori, quello delle coordinate cartesiane, delle x e delle y che misurano rispettivamente l'asse orizzontale e l'asse verticale su un foglio di carta.

Le inventò nel diciassettesimo secolo il francese Cartesio (René Descartes) e non fu un'invenzione da poco. In pratica quei due assi ci permettono di individuare un qualsiasi punto su un piano con due semplici numeri.

A noi oggi sembra quasi un giochetto semplicissimo, ma pensate a come fareste a descrivere un punto su un piano senza quei due numeri! Dovremmo inventarci chissà quale complicata diavoleria. E non solo, quelle coordinate ci permettono con estrema semplicità la localizzazione di qualsiasi punto e se quel punto si muove, siamo in grado di descriverne il moto in tutti i suoi infiniti punti semplicemente con una funzione in cui y diventa una variabile dipendente da x.

Parliamo proprio delle funzioni matematiche che tanto fanno soffrire gli studenti degli ultimi anni delle scuole superiori.

Questo è il fondamentale sistema di riferimento classico della geometria piana o euclidea, come si dice tecnicamente.

Se anziché sul piano ci troviamo nello spazio tridimensionale ci basterà aggiungere un terzo asse che generalmente chiamiamo "z". Vedremo presto che con Einstein dovremo aggiungere un quarto asse ,detto "t", che misura il tempo ed avremo lo spazio quadridimensionale. Questo sarà argomento dei prossimi capitoli.

Dobbiamo ora passare dalla geometria alla meccanica per spiegare altri sistemi di riferimento di cui presto dovremo occuparci.

La meccanica studia il movimento dei corpi (dinamica), non solo la loro posizione e quando si parla di movimento si introduce subito nella nostra mente la domanda: "Movimento rispetto a che cosa?". Se stiamo viaggiando su un treno siamo fermi rispetto al treno ed in moto rispetto alle rotaie.

Le rotaie sono ferme rispetto alla terra circostante, ma sono in moto girando insieme alla Terra.

La Terra è ferma rispetto alle rotaie, ma è in moto rispetto al Sole. Il Sole è fermo rispetto al sistema planetario, ma il sistema planetario si muove intorno alla Galassia. La Galassia è ferma rispetto al buco nero al suo centro, ma si muove verso Andromeda e così via dicendo.

Tutta questa tirata per giungere a dire che affermare che un corpo è in moto non ha senso senza dire rispetto a che cosa.

Nel mondo classico si è disperatamente cercato un sistema di riferimento assoluto, cioè che stia fermo rispetto a tutto.

Ed i nostri avi lo hanno individuato questo riferimento assoluto quando hanno notato che le stelle fisse sono proprio fisse, almeno così pensavano.

Sistemi di riferimento

Per molto tempo quindi, dal punto di vista dello sviluppo della meccanica classica, si è introdotto come sistema di riferimento assoluto quello delle stelle fisse.

Ne discende che se vogliamo descrivere un corpo in movimento possiamo prendere qualsiasi asse x, y e z che sia fisso rispetto a quelle stelle e le equazioni che ne derivano descrivono in modo assoluto il suo moto.

Dobbiamo ora fare un salto verso la meccanica newtoniana o meglio la dinamica newtoniana che afferma: "un corpo non perturbato da una qualsiasi forza tende a mantenere il proprio moto costante ed in modo rettilineo".

Ma come abbiamo descritto prima per affermare quanto detto dobbiamo riferirci ad un qualche sistema di riferimento.

Questo sistema di riferimento può essere quello delle stelle fisse che a questo punto prende il nome di "sistema di riferimento inerziale assoluto".

Ma attenzione, per essere inerziale con riferimento a quel corpo nessuna forza deve esercitarsi sul corpo stesso, nemmeno la forza di gravità, altrimenti il moto non sarebbe più costante e rettilineo.

Newton, per poter esprimere matematicamente la sua dinamica si è inventato appunto questi sistemi di riferimento inerziali nei quali un corpo, privo di sollecitazioni, si muove all'infinito con velocità costante e lungo una retta.

Si tratta ovviamente di situazioni ideali, nella realtà possiamo approssimare ad un sistema inerziale anche la nostra Terra, pur sapendo che è un'approssimazione forzata.

Tutto quanto detto appare abbastanza intuitivo e lo vediamo con gli astronauti nello spazio. Se consideriamo l'astronauta fermo nell'astronave che lancia in avanti un oggetto, vediamo questo oggetto muoversi di moto rettilineo uniforme davanti a lui e quindi possiamo considerare l'astronauta e l'astronave un sistema di riferimento inerziale per quell'oggetto e, se l'astronauta lo volesse, potrebbe scrivere una semplicissima equazione per descrivere il moto dell'oggetto.

Se l'astronave fosse trasparente ed un astronauta esterno si muovesse di moto rettilineo uniforme rispetto all'astronave e questo astronauta esterno scrivesse la sua equazione di quel moto all'interno dell'astronave le due equazioni, quella interna e quella esterna, risulterebbero equivalenti o meglio, in termini scientifici, possiamo affermare che "**le due equazioni sono invarianti rispetto ad una trasformazione galileiana**".

Vedremo presto come Einstein abbia allargato questo concetto ... non stravolto!

Postulato sulla relatività del tempo

Va premesso che a questo postulato soddisfa anche la meccanica di Galileo Galilei e di Isaac Newton.

Per spiegare questo postulato Einstein prende le mosse dal fatto che uno stato di quiete non può essere distinguibile da uno stato di moto su un percorso rettilineo e con velocità costante.

Due osservatori, l'uno in quiete e l'altro in moto uniforme rispetto al primo, possono solo misurare il loro moto relativamente all'altro osservatore; quindi ciascuno potrà affermare che sia l'altro in movimento mentre lui è in quiete.

L'esperimento Michelson-Morley, citato nel capitolo precedente e che studieremo in altro capitolo, oltre a confermare la costanza della velocità della luce è anche una verifica di questo assunto poiché il sistema di riferimento inerziale costituito con buona approssimazione dalla Terra ha avvalorato la tesi esposta qui.

Una ulteriore premessa fondamentale del testo del 1905 di Einstein è che *"qualsiasi affermazione circa il tempo oggettivo di un evento è in realtà un'affermazione circa l'accadimento simultaneo di due eventi"*

Vediamo di capire bene questo punto che ci porterà presto al concetto di relatività del tempo.

Se con un orologio osserviamo un evento, ad esempio una luce che si accende di fronte a noi, ed affermiamo guardando l'orologio che quell'evento è avvenuto alle 12 in punto, in realtà affermiamo che l'evento luce ha coinciso con l'evento lancette sovrapposte al numero 12.

Quindi, sempre col metodo della idealizzazione del concetto, abbiamo verificato la "simultaneità" dei due eventi, lancette e luce.

Einstein dimostra che il concetto di simultaneità non è assoluto, ma relativo e lo porrà come postulato alla base della sua teoria; vediamo come.

Questo postulato o principio ha a che fare con la relatività del tempo che Einstein ha individuato non già come elemento soggettivo bensì come una realtà oggettiva da cui la fisica non può prescindere.

La conclusione del sottile ragionamento porta a concludere che: **la simultaneità di due eventi visti da un osservatore in quiete non risultano mai simultanei per un osservatore in movimento con moto uniforme rispetto al primo osservatore.**

Questo fatto, fortemente contro intuitivo, ha a che fare con la velocità non infinita della luce e che Einstein pose alla base dei suoi ragionamenti.

Le conseguenze dell'adozione di questo principio e lo sviluppo della teoria nel suo complesso porterà a delle conseguenze, numerose peraltro, che, una volta verificatane l'esattezza con metodi sperimentali, confermeranno tutta la costruzione di Einstein e quindi anche questo principio.

Per spiegarlo molti testi riportano l'esempio di un osservatore in quiete in una certa posizione mediana tra due punti nei quali avviene in contemporanea un evento, come due luci che si accendono o due fulmini che vi cadono sopra.

L'osservatore fermo al centro, sempre idealmente, è sicuramente in grado di rilevare se i due eventi sono contemporanei.

Il ragionamento di Einstein afferma che se però in quell'istante passa esattamente in quel punto un altro osservatore che viaggia con moto rettilineo uniforme in parallelo con i due eventi che l'osservatore a terra afferma essere simultanei, l'osservatore sul treno dirà che non li vede come simultanei.

Il moto del secondo osservatore provoca un avvicinamento ad un punto della luce e l'allontanamento dall'altro per cui la luce, che non viaggia a velocità infinita, impiega meno tempo a raggiungere l'osservatore da una parte e più tempo a raggiungerlo dall'altra parte.

Conclusione: **muovendosi l'osservatore, seppure passando per lo stesso punto mediano, perde la simultaneità che vede l'osservatore fermo nello stesso punto mediano.**

Il lettore potrà pensare che questa sia una questione di "lana caprina" come si dice per indicare un qualcosa di apparentemente insignificante ed invece questo ragionamento è l'inizio dell'impostazione della teoria della relatività speciale; ci dice infatti che **"il tempo dell'osservatore in movimento è diverso dal tempo dell'osservatore in stato di quiete"**.

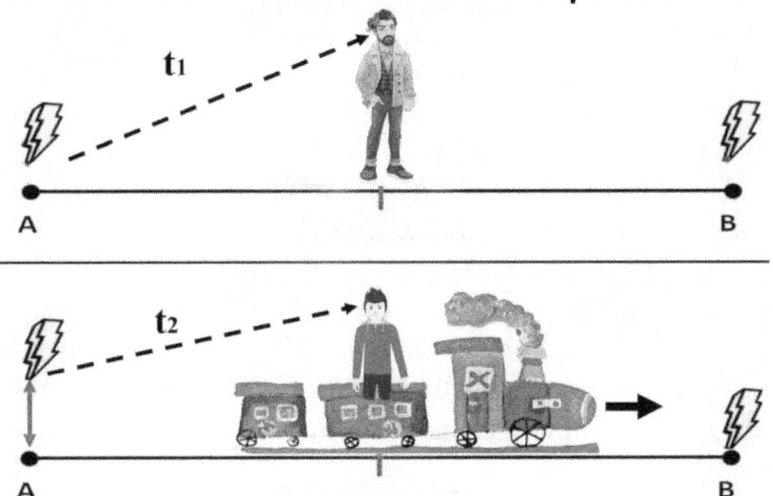

L'osservatore fermo a terra vede la contemporaneità dei fulmini mentre l'osservatore sul treno che passa dallo stesso punto non li vede contemporanei: per lui il fulmine A arriva dopo ed il fulmine B arriva prima

Questa sciocchezzuola abbatte uno dei pilastri della meccanica classica, quello che afferma che il tempo non dipende da nulla ma è una grandezza costante in tutto l'universo.

Newton afferma che orologi sincronizzati sparsi ovunque, sulla Luna, sulla Terra, su un'astronave misureranno sempre lo stesso tempo.

Einstein afferma che non è vero che, muovendosi quei corpi gli uni rispetto gli altri i vari orologi non battono lo stesso tempo.

Oggi sappiamo che gli orologi atomici a bordo dei satelliti in orbita per creare il nostro sistema GPS e lanciati sincronizzati con orologi atomici a terra, battono un tempo diverso da quelli a terra.
Nel caso dei satelliti la questione del tempo è ancora più complicata perché i loro orologi misurano il tempo in modo diverso da quelli a terra anche per un altro fenomeno che riguarda gli effetti della diversa gravità tra gli orologi sui satelliti e gli orologi a terra, ma questo secondo effetto ha a che fare con la teoria generale della relatività, che non riguarda noi ora.

Tra l'altro le equazioni di Einstein si sono dimostrate esatte anche nel prevedere di quanto questi tempi siano diversi fra loro.

Un'altra prova della dipendenza del tempo dalla velocità si ricava con altissima precisione nella fisica delle alte energie al CERN di Ginevra dove, accelerando particelle a velocità molto prossime alla velocità della luce, si possono osservare i tempi di decadimento di certe particelle elementari instabili.

Il tempo di decadimento di queste particelle è misurabile con elevata precisione ed il loro tempo di decadimento in stato di quiete e quello con movimento vicino alla velocità della luce possono differire anche di molto e quindi confermare quantitativamente quanto la teoria della relatività predice.

La relatività della simultaneità di cui qui parliamo fu ampiamente spiegata nei testi originali di Einstein il quale fece un esempio simile a quello sopra visto, facendo riferimento ad un passeggero su un treno che si muove parallelamente ai due eventi ed una persona ferma sulla banchina tra i due eventi.

Einstein afferma testualmente: *"Si presenta come naturale la seguente domanda. I due eventi che sono simultanei rispetto alla banchina ferroviaria saranno tali anche rispetto al treno? Mostreremo subito che la risposta deve essere negativa"*.

Einstein poi prosegue con il ragionamento che noi abbiamo già fatto, ma aggiungendo alla fine un ulteriore importante conseguenza: *"la relatività del concetto di distanza spaziale"*.

Con analogo ragionamento che ci ha portato alla relatività del tempo lo scienziato conclude che: *"La lunghezza del treno misurato*

Postulato sulla relatività del tempo

dalla banchina può essere differente da quella ottenuta compiendo la misurazione sul treno stesso".

Possiamo quindi affermare che: "**La misura del tempo e la misura dello spazio non sono più valori assoluti ma dipendono dal sistema di riferimento in cui quelle misure vengono effettuate**".

Con puro ragionamento possiamo anche arrivare a dimostrare non solo che il movimento provoca una modifica del tempo ma che, all'aumentare della velocità il tempo diminuisce.

Tra i diversi metodi per provare questo fatto in modo qualitativo quello che più mi sembra interessante è l'utilizzo di un orologio idealmente realizzato con luci e specchi.

Immaginiamo di disporre in una cabina con pareti trasparenti di due specchi, uno orizzontale sul pavimento ed uno verticale contro il soffitto.

Se dal basso lanciamo un raggio di luce verso l'alto verticalmente questo colpirà il soffitto, rimbalzerà in basso sullo stesso punto e ritornerà sul soffitto. Stando dentro la cabina vedremo praticamente questo unico raggio fisso.

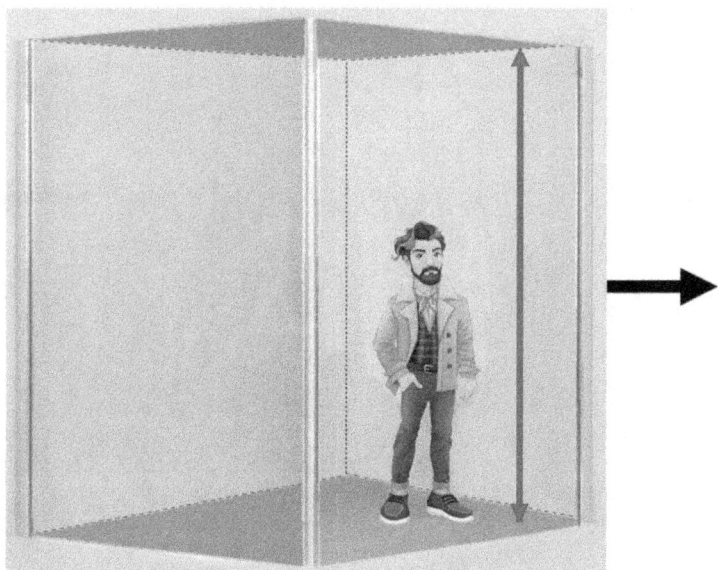

L'osservatore dentro la cabina vede il raggio rimbalzare sullo stesso punto

Se la cabina è ferma a terra, in stato di quiete, ed un osservatore fermo all'esterno, guarda all'interno della cabina trasparente vedrà lo stesso raggio che vede l'osservatore interno.

Ora, sempre idealmente, immaginiamo di muovere la cabina orizzontalmente con moto uniforme e rettilineo. Per l'osservatore all'interno della cabina non cambia nulla, mentre l'osservatore esterno vedrà qualcosa di diverso.

La luce impiega del tempo per raggiungere il soffitto per cui la cabina che si sta muovendo si sarà spostata in avanti e l'osservatore esterno a terra vedrà il raggio colpire il soffitto leggermente più indietro percorrendo un tragitto leggermente più lungo in un tempo quindi pure leggermente aumentato.

Analogamente lo stesso raggio rimbalzerà in basso sempre più indietro e così via a zig e zag.

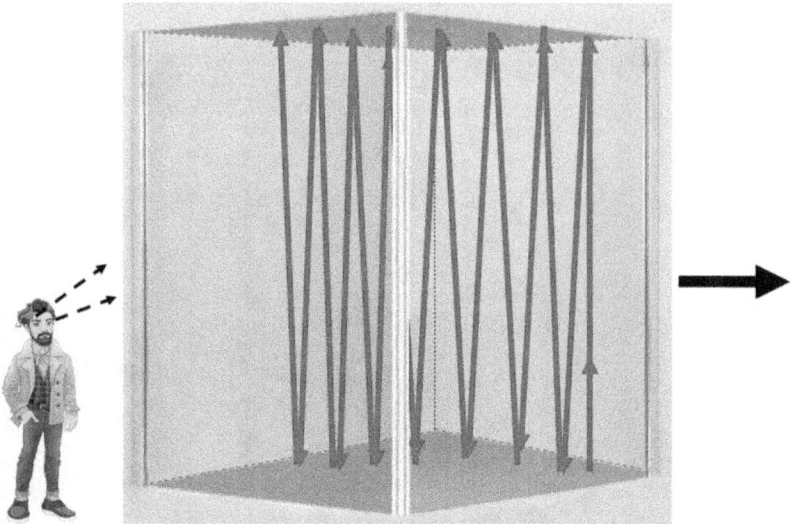

L'osservatore esterno vede il raggio ritardare rimbalzando indietro. Per lui il tempo nella cabina rallenta

In questo modo, e sempre mentalmente, stiamo dimostrando che mentre il passeggero dentro la cabina che si muove di moto rettilineo ed uniforme (sistema di riferimento inerziale) continua a misurare il suo tempo come quando era fermo a terra, il suo amico all'esterno vede rallentare quel tempo dell'amico che si muove all'interno della cabina.

Se sostituiamo la cabina con un'astronave e la portiamo a velocità paragonabili a quella della luce ne otteniamo una differenza tra le due misure del tempo sempre maggiori tanto che avvicinandosi l'astronave alla velocità della luce il suo tempo interno può diventare più lento anche di migliaia, di milioni di volte rispetto a quella degli osservatori a terra.

Sappiamo bene quanto gli scrittori di fantascienza sfruttino questa realtà per far tornare a terra astronauti ancora giovani, anche dopo centinaia di anni dalla loro partenza.

Stiamo sempre considerando una situazione puramente mentale ma assolutamente corretta: abbiamo dimostrato col ragionamento che la velocità ha portato i due osservatori, l'interno e l'esterno, a misurare i loro rispettivi tempi in modo diverso; il tempo per la persona che si muove scorre più lentamente che per quella che sta ferma.

Possiamo anche aggiungere un'ulteriore considerazione con riferimento a questo nostro orologio speciale: se la cabina potesse raggiungere la velocità della luce allora per l'osservatore esterno il tempo della cabina risulterebbe zero: la luce dal basso non potrebbe per lui mai raggiungere il soffitto. Questa è un'altra considerazione qualitativa che conferma come la velocità della luce non possa essere infinita e se finita non possa essere raggiunta da un corpo.

Oltre al rallentamento del tempo si ha anche per l'osservatore in movimento un aumento della sua massa inerziale come risulta da tutte le considerazioni fatte e dai calcoli che ne derivano.

Vedremo questo argomento in dettaglio in un prossimo capitolo e comunque anticipiamo per completezza che al CERN l'accelerazione di particelle a velocità vicine a quella della luce ne comporta un aumento della massa inerziale anche di molte volte.

Precisiamo anche, per evitare facili equivoci, che questo aumento di massa non è un aumento della materia che costituisce fisicamente il corpo, ma solo un aumento dell'energia necessaria per "spingere" il corpo in base alla formula m=F/a e per questo si chiama "massa inerziale".

Pare che la natura abbia deciso che se vogliamo aumentare sempre più la velocità di un corpo, noi dobbiamo fare sempre più fatica e che questa fatica, avvicinandoci alla velocità della luce, diventi infinita ... la natura proprio non vuole che noi si viaggi alla velocità della luce come verrà confermato nel prossimo capitolo!

Postulato sulla velocità della luce

Nel nostro universo esistono quantità che appaiono imperturbabili, proprio così, valori che con tutte le prove e sotto qualsiasi sollecitazione pare non cambino.

Così ad esempio la costante "g" che misura la gravità, la costante "h" detta di Planck che ha a che fare con energia e fotoni e poche altre.

Si possono contare sulle dita di due mani e pare proprio che facciano parte di un qualcosa che si è costituito alla nascita dell'universo, qualcosa, come dice Einstein, impostato dal Grande Vecchio.

Si afferma che se anche una sola di queste grandezze fosse di un valore diverso anche di poco, tutto il nostro universo risulterebbe completamente cambiato e noi non esisteremmo.

Ad oggi sappiamo che anche la velocità della luce risulta essere una di queste costanti, o meglio, che nel vuoto assoluto è una costante indipendente dalla velocità dell'oggetto che la emette e costante per qualsiasi sistema di riferimento inerziale.

Fa eccezione il caso in cui la luce non si trovi nel vuoto ma, ad esempio, in un liquido come l'acqua. Seppure di poco, quando attraversa un liquido rallenta e questo fatto lo ha sperimentato per primo uno scienziato russo dal nome Cerenkov.

Si parla dell'effetto Cerenkov quando una particella accelerata in un liquido, oltre la velocità della luce in quel liquido, avviene qualcosa di simile al bang degli aerei supersonici quando superano la velocità del suono. Nel caso Cerenkov il bang è un lampo di luce e questa è l'unica situazione possibile in cui una particella materiale può superare la velocità della luce.

Sulle costanti universali è aperta un'ampia discussione tra scienziati, cosmologi, filosofi, religiosi ed atei, discussione che si allarga anche a quante e quali siano.
Dalle meno di dieci molti vorrebbero aggiungerne molte altre appartenenti al mondo subatomico e chi volesse approfondire l'argomento può consultare su internet i seguenti link.

Le costanti universali: http://bit.ly/2Dc910m
Costanti universali (pdf): http://bit.ly/2p3AwVc

Tornando alla nostra "C", la velocità della luce, secondo le più recenti misurazioni risulta pari a $2,997924 \times 10^8$ metri/secondo o, più semplicemente, circa 300.000 km/sec.

L'analisi di Einstein, che ha così tanto influenzato la fisica del novecento, parte dall'apparentemente semplice considerazione che se esiste una costante rispetto qualsiasi sistema di riferimento, gli scienziati sono in grado di costruire una formulazione matematica della meccanica che spiega e risolve tutti i misteri incontrati allora ed anche dopo e che apparivano contraddire la logica del pensiero classico.

Il primo a porre le fondamenta matematiche della sua intuizione, che poi si sarebbe chiamata "teoria della relatività speciale", fu proprio lo stesso Einstein grazie anche all'aiuto di insigni matematici tra cui l'italiano professor **Gregorio Ricci Curbastro** (http://bit.ly/2tsjs0n) dell'università di Padova, esperto di calcolo tensoriale e che si dimostrò fondamentale per la teoria generale della relatività.

Occorre menzionare che un'altra teoria della relatività con spiegazioni matematiche, ma incompleta, fu pubblicata prima di Einstein, esattamente nel 1904, da Poincaré e Lorentz, ma è stato Einstein ad inquadrarne i concetti come noi li studiamo oggi e che vedremo presto, mentre Lorentz, ad esempio, spiegava i risultati degli esperimenti Michelson-Morley presupponendo una contrazione degli strumenti utilizzati per effetto di un'interazione tra etere e gli strumenti stessi, chiaramente errata.

Pare proprio che all'epoca del primo scritto sulla relatività di Einstein grandi scienziati non avessero percepito quali enormi conseguenze avrebbe comportato al modello fisico della natura l'introduzione della velocità della luce come una costante universale, conseguenze inimmaginabili come la più famosa equazione della storia, $E=mc^2$, che ha fornito all'umanità la reale essenza della materia: energia altamente concentrata, argomento di un prossimo capitolo.

La verifica sperimentale dell'indipendenza della velocità della luce rispetto qualsiasi sistema di riferimento ottenuta da Michelson e Morley nel 1887, fu un vero terremoto per la fisica del tempo ed è importante capirne le implicazioni in campi insospettati come nel nascente settore dei campi elettromagnetici ed in generale con tutto quello che aveva a che fare con l'elettricità del secolo decimo nono.

In quel secolo il magnetismo e l'elettricità erano argomenti sotto la lente d'ingrandimento di molti validi scienziati come l'inglese **Michael Faraday**, lo scozzese **James Clerk Maxwell**, il tedesco **Heinrich Hertz**, e prima ancora l'italiano **Alessandro Volta**, il francese **Marie Ampère**, il danese **Christian Oersted**, il francese **Charles de Coulomb**, tutti oggi ricordati per i loro contributi pratici e teorici, che portarono a realizzazioni pratiche come l'energia elettrica, il motore elettrico e la radio.

Tutto questo fervore per comprendere quei fenomeni e costruirne una teoria coerente e completa alla fine del secolo si trovò di fronte ad un muro che sembrava invalicabile ed il cui salto, forse in parte inconsapevolmente, fu compiuto dal nostro Einstein.

Cercherò di riassumere brevemente il "dramma" psicologico che attanagliò tutti gli addetti ai lavori dell'epoca.

Faraday, grande scienziato sperimentale, aveva scoperto che muovendo una calamita all'interno di una bobina di filo si induceva nel filo una corrente elettrica misurabile con un galvanometro. Aveva scoperto quello che sarebbero diventate le nostre centrali elettriche.

Inoltre aveva intuito che la calamita generava un "campo magnetico" rilevabile anche nel vuoto.

Maxwell, grande teorico, riuscì nel 1865 ad esprimere con le sue equazioni quantitativamente i legami tra campo magnetico e campo elettrico. Quelle equazioni predicono l'esistenza delle onde elettromagnetiche, la loro velocità e come queste si comportano.

Solo dopo qualche anno si capì che anche la luce non è altro che un'onda elettromagnetica che si comporta come descritto dalle equazioni di Maxwell.

Postulato sulla velocità della luce

Ci si pose la domanda di dove queste onde elettromagnetiche vibrassero. Noi ora sappiamo che si propagano nel vuoto, ma allora la cosa era inconcepibile: il vuoto è vuoto e nulla può essere trasportato dal vuoto!

Si sapeva con precisione come le onde sonore si propagassero nell'aria o in altri mezzi come l'acqua, ma per le onde di Maxwell o di Hertz non si poteva certo credere che a trasportarle fosse il nulla.

Fu così che per conciliare l'esistenza di quelle vibrazioni dello spazio vuoto fu inventato un mezzo impalpabile e che pervadeva tutto l'universo e questo mezzo fu chiamato etere!

Oggi fa un po' sorridere questa invenzione, ma per diverso tempo rimase l'unica spiegazione plausibile per conciliare la realtà sperimentale con i calcoli. Persino ancora ai nostri tempi si sente dire che: "Quella trasmissione viaggia nell'etere".

L'etere quindi diventava il riferimento assoluto, un qualcosa di immobile rispetto alle stelle fisse e che tutti i corpi attraversano senza percepirlo e tutto tornava a posto.

Noi oggi sappiamo che nel vuoto viaggiano particolari particelle chiamate fotoni che col loro doppio aspetto, corpuscolare e ondulatorio, trasportano l'energia elettromagnetica, ma allora si era ancora lontani dalla moderna meccanica quantistica.

Se così era, ragionarono Michelson e Morley, allora anche la Terra si muove attraversando l'impalpabile etere girando intorno al Sole, e questa velocità, la più alta disponibile per un esperimento essendo pari a 108.000 km/ora o 30 km/sec, può consentire un confronto misurabile con la velocità della luce pari a 300.000 km/sec.

Un confronto era reso plausibile disponendo di strumenti estremamente precisi e che i due scienziati furono in grado di costruire. Tra l'altro doveva essere a prova di ogni possibile errore di manovra o vibrazione e le misure dovevano poter essere ripetibili diverse volte.

Il ragionamento era semplice: se lo strumento misura la velocità della luce nel senso del moto della Terra dovremo trovare un valore più alto di quello che si verifica ruotando lo strumento di 180 gradi, cioè misurando la velocità della luce in senso opposto al moto della Terra.

In termini della meccanica classica, quella newtoniana, le due misure avrebbero anche consentito di dimostrare l'esistenza dell'etere a cui loro credevano fermamente.

Di misure ne fecero un mare, ma comunque muovessero il loro strumento la velocità della terra più quella della luce era sempre costante contraddicendo il radicato principio galileiano della somma delle velocità

Un lettore a questo punto può pensare che fosse caduta l'idea dell'etere, ed invece assolutamente no, che l'etere ci fosse rimasta in piedi ancora per decenni, ma che la velocità della luce fosse sperimentalmente una costante divenne un fatto inconfutabile.

Il risultato dell'esperimento Michelson-Morley rimaneva pertanto sulla testa di tutti gli scienziati dell'epoca come una spada di Damocle e per parecchio tempo.

L'etere poi procurava altri mal di testa: spiegava, è vero, la propagazione delle onde elettromagnetiche e della luce nel vuoto. Ma per altri motivi risultava che dovesse avere rigidità infinita.

Postulato sulla velocità della luce

Lo stesso Maxwell era fermamente convinto dell'esistenza dell'etere e quando Hertz nel 1888 riuscì a generare con degli oscillatori delle onde elettromagnetiche ed a verificarne la velocità pari a quella della luce, velocità prevista da Maxwell, l'unificazione luce-onde elettromagnetiche divenne evidente e la necessità dell'etere per la loro propagazione ancora più necessaria.

Persino il grande scienziato Hendrick Lorentz, nei suoi articoli del 1904, riprendeva un'ipotesi dello scienziato irlandese **George Francis FitzGerald** con cui proponeva che il risultato dell'esperimento Michelson-Morley fosse dovuto alla modifica della lunghezza dello strumento usato se messo nella direzione del moto della Terra o all'opposto.

Solo e per primo il ventiquattrenne Einstein nel 1905, con la teoria della relatività speciale, liberava il mondo dall'ipotesi dell'esistenza dell'etere che, comunque, restò nell'opinione di molti scienziati ancora per diversi anni e Einstein assunse la costanza della velocità della luce in un capolavoro di teoria che tiene banco ancora oggi.

Einstein concluse che "_la velocità della luce misurata da un osservatore è rispetto a quest'ultimo sempre la stessa, quale che sia la velocità dell'oggetto che la emette se la sorgente della luce si muove di moto uniforme_".

Leggendo un testo storico sul pensiero di Einstein ho potuto apprendere come Einstein, quando scrisse il suo articolo del 1905, non conoscesse l'esperimento Michelson-Morley, ma che sia giunto

col solo ragionamento ad ipotizzare la costanza della velocità della luce.

Tra le prove sperimentali sulla correttezza di questo assunto, anni dopo, furono studiate le stelle doppie che col loro moto di avvicinamento ed allontanamento periodico dalla terra avrebbero dovuto generare un certo tipo di immagini nel caso di velocità della luce diverse tra allontanamento ed avvicinamento, fatto che non fu riscontrato.

A complemento di quanto detto e per correttezza storica va detto che Einstein nei suoi lavori del 1905 non cita mail l'esperimento Michelson-Morley e, come menzionato, parrebbe che sia giunto alle sue conclusioni sull'esistenza di una velocità limite come quella della luce con puri ragionamenti speculativi.

Il fatto è confermato da quanto lui stesso scrisse nel suo testo storico menzionato: *"Il risultato dell'esperimento di Michelson e di Morley nella mia elaborazione non ha avuto un'influenza rilevante. Non ricordo neppure se ne sapessi alcunché quando scrissi il mio primo saggio sull'argomento nel 1905"*.

Se questo fatto è vero, e non ho motivo di dubitarne, allora l'intuito scientifico di Einstein lo portò a convincersi da solo che la velocità della luce fosse una costante universale e che, avendola assunta come tale nella sua teoria, si sia dimostrata poi corretta per le numerose prove sperimentali sui fenomeni che quell'ipotesi comportava.

Conseguenze dei due postulati

Dobbiamo ora fare un piccolo salto ed addentrarci in qualche considerazione formale che riguarda la teoria della relatività speciale.

Nella scienza non basta aver intuito qualcosa di corretto come il fatto che la velocità della luce sia una costante e che questo provochi, come abbiamo visto, delle conseguenze significative ai nostri concetti di tempo e di spazio.

Occorre costruire un conseguente modello matematico della nuova realtà che ci permetta di calcolare con precisione le quantità in gioco: di quanto il tempo si modifica, di quanto le masse cambiano e così via e poi, con esperimenti quantitativi nella realtà provare a ritroso la teoria di partenza.

In fondo la nostra cara meccanica classica ci permette di costruire ponti, calcolare le traiettorie di una palla di cannone, di costruire automobili e milioni di altre cose i cui calcoli in ambiente di basse velocità si sono dimostrati precisissimi entro i limiti delle nostre possibili misurazioni.

La nuova teoria ci dice semplicemente: "Attenti, se rimanete nel vostro vecchio mondo delle piccole velocità continuate come state facendo, ma se volete creare un sistema satellitare GPS che vi dica con precisione come muovervi sulla Terra basandovi sui suoi segnali non ci riuscirete mai se non tenete in considerazione le equazioni relativistiche, il vostro GPS semplicemente non potrà funzionare".

Ecco che gli scienziati e soprattutto Einstein, una volta intuita la necessità di abbandonare certi postulati alla base delle precedenti teorie, hanno costruito un nuovo modello di meccanica partendo dalle nuove basi.

Non è lo scopo di questo breve trattato sostituirsi ai complessi corsi che si studiano all'università ma, come disse Einstein, qualsiasi teoria scientifica è spiegabile a tutti, e qui ci addentreremo con questa premessa. Usando le giuste parole

Riprendiamo il concetto visto in un capitolo precedente e cioè i **"sistemi di riferimento inerziali"**. Ricordo che un sistema di riferimento inerziale è un qualsiasi sistema che si muove a velocità costante e con moto rettilineo uniforme e che a questo tipo di sistema di riferimento si riferisce tutta la teoria della relatività speciale.

Anzi, il termine **"speciale"** o, per altri, **"speciale"** si riferisce proprio a questo fatto: la teoria sviluppa il suo modello matematico proprio con questa limitazione.

Il lettore si domanderà perché porsi questa limitazione e la risposta è semplice: perché Einstein non era in grado allora di sviluppare e provare matematicamente una teoria relativistica al di fuori di questa limitazione.

Sarà proprio per superare questo limite che Einstein pubblicherà nel 1916 la sua **"teoria generale della relatività"**, un vero capolavoro matematico: impiegò 11 anni per arrivarci e sarà oggetto di una altro libro di questa serie.

Sono certo che al lettore sarà sorta una seconda domanda: "Ma è così complicato estendere questa teoria anche ai sistemi di riferimento non inerziali?". La risposta e sì, è tremendamente complicato e lo spiego brevemente.

Un sistema di riferimento non inerziale è, ad esempio, un auto di formula uno che corre nel suo circuito. Cosa c'è di diverso da un

Conseguenze dei due postulati

sistema di riferimento inerziale? E' intuitivo: ogni volta che l'auto accelera o curva, al suo interno si generano delle forze che agiscono sul pilota, forze che lo spostano a destra, a sinistra avanti ed indietro e che nascono all'interno dell'abitacolo per effetto **dell'inerzia dei corpi**.

Qualsiasi tentativo di descrivere il movimento del pilota non può prescindere dall'inerzia e dalla accelerazione che la teoria della relatività speciale non contempla. In altre parole dobbiamo introdurre nella nostra analisi concetti di massa d'inerzia, di gravità e quindi di una serie di nuovi elementi.

La teoria generale della relatività ha infatti a che fare con gravità, inerzia delle masse e le conseguenze della loro analisi porta, per dirla rapidamente, all'esistenza dei buchi neri, delle onde gravitazionali, ecc. che nulla hanno a che fare con la nostra teoria speciale.

Il modello matematico della natura che la teoria della relatività speciale descrive è quindi valido solo per quel tipo di riferimento inerziale.

La dizione scientifica di questo modello semplificato Einstein, in un suo articolo, lo definisce esattamente come segue. _"Riunendo i due postulati del principio di relatività del tempo e la costanza della velocità della luce otteniamo la legge di trasformazione per le coordinate degli eventi che costituiscono i processi della natura. E precisamente abbiamo ottenuto non la trasformazione di Galileo ma la trasformazione di Lorentz"_

I termini qui citati da Einstein di "trasformazione" si riferiscono unicamente ad un processo matematico che fa parte del così detto calcolo operatoriale.

Di trasformazioni, o meglio, di trasformate ne esistono di molti tipi e gli studenti universitari di matematica li conoscono bene (trasformate di Fourier, di Lorentz, di Laplace, ecc. ecc.) e le usano per risolvere problemi di ogni genere.

Semplificando molto potremmo dire che sono un'estensione degli operatori che noi tutti conosciamo come somma, prodotto, logaritmo, ecc. Si tratta di operatori che applicati a certe funzioni le trasformano in altre funzioni a volte più semplici.

Nel nostro caso abbiamo a che fare con due trasformate a confronto: quella di Galileo e quella di Lorentz.

Come si sarà già capito dalla definizione di Einstein, quella di Lorentz riguarda il mondo relativistico, mentre quella di Galileo è solo applicabile nel mondo classico dove i due postulati non vengono presi in considerazione e la velocità della luce è infinita.

Dove Einstein si riferisce alle leggi della natura intende affermare che se abbiamo un'equazione che descrive, ad esempio, il moto di un corpo in un sistema di riferimento inerziale e la velocità di questo moto non è trascurabile rispetto alla velocità della luce, passando da un sistema di riferimento inerziale ad un latro quell'equazione nel nuovo sistema si ottiene con la trasformata di Lorentz che tiene conto della velocità della luce: questa trasformata è di tipo relativistico.

Nel caso di velocità modeste l'operatore galileiano è sufficiente, infatti se il nuovo sistema si muove rispetto al primo con una velocità di 7 km/sec, basta aggiungere questa velocità al corpo che si muove nell'altro sistema di riferimento per avere la sua nuova equazione di moto, tutto qui.

Conseguenze dei due postulati

Abbiamo visto come avvicinandoci alla velocità della luce, il tempo scorre sempre più lentamente per cui due individui che viaggino a velocità altissime e diverse vedono il loro tempo scorrere in modo diverso.

Grazie a questo ultimo risultato, possiamo sperare che un giorno si possano costruire astronavi così veloci che i passeggeri siano in grado di raggiungere pianeti di altre galassie lontane anche molti milioni di anni luce e tornare sulla Terra ancora giovani dopo pochi anni di viaggio misurati sull'astronave ... trovandovi però i parenti deceduti ormai da milioni di anni.

Approfondiamo un po' questa teoria per i più esperti limitandoci ai concetti ed alle formule fondamentali.

Il principio della relatività speciale afferma che "**le leggi della fisica sono invarianti rispetto alle trasformazioni di Lorentz nel passaggio da un sistema di riferimento inerziale ad un altro sistema di riferimento inerziale scelto arbitrariamente**".

Einstein con questa definizione si allontana dal concetto di trasformate galileiane, cioè dalle fondamenta della meccanica classica dove nelle equazioni non compariva la velocità della luce "c".

Nelle trasformate di Lorentz il tempo t di chi sta sull'astronave, visto da un osservatore a terra il cui tempo è t_0 diventa quello dato dalla seguente equazione:

$$t = \frac{t_0}{\sqrt{1 - \frac{v^2}{c^2}}}$$

Equazione che descrive la "dilatazione relativistica del tempo"

Da questa equazione è facile comprendere che, se la velocità V è molto piccola rispetto alla velocità della luce, allora il denominatore dell'equazione diventa uguale ad 1 ed il tempo t_0 dell'osservatore a terra coincide con il tempo t del viaggiatore, esattamente come la meccanica classica prevede.

Se invece la velocità V aumenta di molto fino ad avvicinarsi a quella della luce allora il termine al denominatore tende a zero ed il tempo t che l'osservatore vede del viaggiatore tende a crescere infinitamente rispetto al tempo t_0 : viaggiando su un'astronave quindi, aumentando la sua velocità il tempo dei passeggeri rallenta rispetto al tempo dei parenti rimasti a terra col tempo t_0. Questa si definisce la "**dilatazione relativistica del tempo**".

Anche per la massa inerziale del viaggiatore vale la stessa equazione sostituendo al tempo la massa stessa: con l'aumentare della velocità la massa del viaggiatore aumenta ed avvicinandosi alla velocità della luce tende all'infinito.

Attenzione però, come abbiamo già osservato non è che il viaggiatore "ingrassi", aumenti la sua massa corporea nel senso comune quale noi la intendiamo, quella che aumenta è la "massa inerziale" cioè la forza necessaria per spingerlo secondo l'equazione di Newton F=ma, il suo contenuto di materia non cambia. Questa si definisce la "**dilatazione relativistica della massa**".

Conseguenze dei due postulati

$$m = \frac{m_0}{\sqrt{1 - \dfrac{v^2}{c^2}}}$$

Figura 1che descrive la "dilatazione relativistica della massa"

La trasformazione di Lorentz non è altro che un procedimento matematico per esprimere con equazione questo risultato.

Nella trasformata galileiana al denominatore compare solo 1 e quindi non figura la velocità della luce o, se vogliamo esprimerci in modo corretto, la meccanica classica considerava la velocità della luce dipendente dal sistema di riferimento scelto e quindi, come per tutte le velocità dei corpi in movimento, anche quella della luce si doveva sommare alla velocità dell'oggetto che la emette. Per la meccanica classica, la velocità della luce non è una costante universale.

$$\ell = \frac{\ell_0}{\sqrt{1 - \dfrac{v^2}{c^2}}}$$

Equazione che descrive la "dilatazione relativistica delle lunghezze"

Per il **mondo galileiano** e per qualsiasi velocità V i tre casi visti risultano: $\quad t = t_0 \quad\quad m = m_0 \quad\quad \ell = \ell_0$

Per chi volesse approfondire i formalismi che portano alle trasformate di Lorentz e con un po' di calcolo differenziale consiglio di consultare:
Relatività Speciale (INFN) : http://bit.ly/2FROFfc

Per la nostra trattazione che si limita a considerarne i risultati ci è sufficiente sapere che Lorentz parte col considerare due spazi quadridimensionali cioè, che oltre alle coordinate spaziali x, y e z, prendono in considerazione anche la coordinata tempo t.

Per rendere anche la coordinata "tempo" in una lunghezza la moltiplica per c^2. Ricordo che moltiplicando una velocità per il tempo si ottiene una lunghezza, quindi c^2t è compatibile con le unità di misura x, y, e z: sono tutte lunghezze. I due spazi con i quali dobbiamo trattare per trasformare un moto uniforme simbolicamente si rappresentano così:

Primo spazio $S_1(x_1, y_1, z_1, c^2t_1)$

Secondo spazio $S_2(x_2, y_2, z_2, c^2t_2)$

Lorentz provò che tenendo conto della velocità della luce, le leggi del moto potevano essere trasformate da un sistema S1 ad un altro sistema S2 moltiplicando le quantità rappresentative di un moto galileiano per un fattore che definì gamma e che Einstein riprese come base delle sue dimostrazioni:

$$GAMMA = \frac{1}{\sqrt{1 - \frac{v^2}{c^2}}}$$

Con questo GAMMA otteniamo le equazioni viste per il tempo, la massa e la lunghezza, trasformandole in un sistema relativistico.

Relatività speciale: considerazioni finali

Nella giovane mente di Einstein la ricerca di una spiegazione ad esperimenti come quello di Michelson-Morley devono aver creato qualche forma di ansietà e inoltre non riusciva a comprendere come l'etere che avrebbe dovuto pervadere tutto l'universo non fosse mai stato minimamente rilevato in qualsiasi esperimento.

Avrà sicuramente percorso con la super mente per l'intuizione scientifica di cui era dotato molte ipotesi, comprese quelle formulate dai suoi contemporanei come Lorentz, ma alla fine deve aver preso una decisione radicale del tipo: "**poniamo la costanza della velocità della luce come postulato della fisica e da lì studiamone le conseguenze**".

E non solo; deve aver avuto il coraggio di sbarazzarsi anche dell'etere, fino allora tanto caro a molti ed inventato all'unico scopo di spiegare la propagazione delle onde elettromagnetiche che si volevano analoghe alle onde sonore col loro mezzo, l'aria, che le trasportava.

Con queste basi si parte nell'avventura, non facile, che porta alla costruzione di una nuova teoria fisica che abbatte altri muri della fisica newtoniana.

Come abbiamo visto, un primo muro caduto è il tempo assoluto: nel mondo classico due orologi perfettamente sincronizzati segnano lo stesso tempo anche se uno si muove di moto uniforme ad una certa velocità rispetto all'altro orologio.

Infatti se torniamo al nostro esempio dell'astronave che viaggia a metà della velocità della luce e che accende un faro davanti a sé, per il postulato visto, la velocità della luce non diventa una volta e mezza di c, ma rimane sempre c.

Ora, sempre secondo la fisica classica, un osservatore a terra dovrebbe vedere la luce che parte dall'astronave ad una velocità pari ad una volta e mezza c, ma se, sia sull'astronave e sia a Terra, per il postulato sulla luce, ambedue misurano la velocità della luce pari a c, allora qualcosa nelle equazioni classiche che descrivono la velocità deve essere cambiato.

E guarda caso bisogna cambiare proprio il tempo; non è più assoluto, cioè uguale a Terra e sull'astronave, ma perché le equazioni stiano in piedi occorre rendere relativi i tempi: il tempo sull'astronave deve per forza scorrere più lentamente di quello a Terra e di quanto lo vedremo.

Einstein fa quindi cadere i fondamenti della meccanica classica e l'assunto del tempo assoluto: le conseguenze saranno enormi.

Riassumendo possiamo affermare che l'assumere la velocità della luce "c" come costante universale comporta che il tempo misurato da orologi che sono sincronizzati in stato di quiete, una volta che uno venga messo in movimento il suo tempo si contrae rispetto l'altro.

Inoltre ne consegue che un corpo non potrà mai raggiungere la velocità della luce perché comunque un osservatore su quel corpo dovrà sempre poter misurare la velocità della luce che da quel corpo viene emessa in avanti come pari alla velocità c, se raggiungesse la

Relatività speciale: considerazioni finali

velocità della luce il raggio emesso si dovrebbe fermare contraddicendone il postulato.

inoltre la materia non può viaggiare alla velocità della luce e se un corpo viene accelerato, avvicinandosi alla velocità della luce l'energia che lo accelera si trasforma sempre più in massa e non in velocità, in massa inerziale, naturalmente.

Ad esempio nel LHC di Ginevra quando si accelerano i protoni per creare quegli scontri a velocità molto prossime a quelle della luce, i protoni diventano sempre più massicci e la loro massa, prima degli scontri, raggiunge anche valori parecchie volte superiori alla loro massa a riposo.

In sostanza l'energia necessaria per queste accelerazioni si trasforma sempre meno in velocità e sempre più in massa inerziale dei protoni.

La conclusione di tutto quanto sopra, oltre alle conseguenze viste sul tempo, la massa e la lunghezze è anche, per dirla esattamente come riportato nei documenti ufficiali di Einstein:

"Il principio di relatività comporta che le leggi della fisica siano le stesse per tutti i sistemi di riferimento inerziali".

Se nella lettura siete giunti fino a questo punto e con un po' di fantasia supponessimo di essere in un'aula scolastica dove tutto quello che avete letto sia stata una lezione tenuta dal nostro professore Albert Einstein , ecco quello che alla fine della lezione avrebbe scritto per noi.

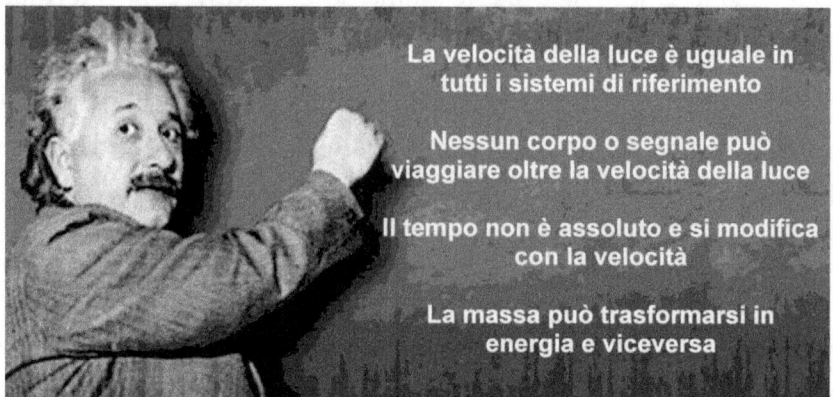

La conclusione del professore Albert Einstein

Dopo di che si sarebbe congedato da noi, suoi modesti studenti, con una serie di esercizi da portare il giorno dopo per verificare se abbiamo capito la lezione. Per esempio, il calcolare di quanto il tempo si contrae per un astronauta che viaggia a 130.000 km al secondo.

Esperimento Michelson-Morley

L'ipotesi che alla fine del secolo diciottesimo andava per la maggiore al fine di spiegare la trasmissione delle onde elettromagnetiche nel vuoto era l'ammettere dell'esistenza dell'etere da molti chiamato "etere luminifico".

Rimaneva il problema di verificarne l'esistenza: questo benedetto etere doveva penetrare tutti i corpi ed essere rigidissimo e nessuno strumento era riuscito a captarne qualche minimo segnale.

Lo scienziato americano Albert Michelson decise nel 1881 di venirne a capo con un esperimento che avrebbe dovuto inequivocabilmente verificarne l'esistenza, a cui lui stesso credeva fermamente.

Il suo metodo consisteva nel misurare la velocità della luce in diverse direzioni usando uno interferometro speciale da lui ideato e che prese il nome di interferometro di Michelson.

Questo strumento si basa sul suddividere un fascio di luce in due fasci che viaggiano perpendicolarmente vengono poi sovrapposti ed indirizzati su uno schermo dove viene a formarsi una immagine di interferenza.

Il suo ragionamento era semplice ed intuitivo: se l'etere è fisso nell'universo e si ruota l'interferometro sulla Terra in diverse direzioni si sarebbero trovate diverse velocità della luce.

Sovrapponendo i raggi di luce perpendicolari sullo schermo, al ruotare dello strumento, si sarebbero viste diverse frange di interferenza. Dai valori rilevabili si sarebbe inoltre potuto misurare la velocità della luce.

Queste prime misure non ottennero i risultati voluti per la mancanza della necessaria precisione, per cui si rifecero le prove sei anni dopo, nel 1887, con l'aiuto di un altro scienziato americano, Edward Morley che completò lo strumento rendendolo più preciso.

Nonostante la precisione dello strumento ed in modo inequivocabile non si trovò traccia di un etere anche ripetendo l'esperimento molte volte.

Ad un risultato così chiaro ed imprevisto i due scienziati formularono tre ipotesi possibili:

- La Terra è ferma rispetto all'etere
- Si accorcia il braccio dell'interferometro nella direzione del moto (contrazione di FitzGerald)
- La velocità della luce è la medesima in tutte le direzioni

Come sappiamo, Einstein assunse la terza ipotesi come secondo postulato della sua teoria. Vediamo meglio l'esperimento Michelson-Morley come lo eseguiremmo oggi con un raggio Laser.

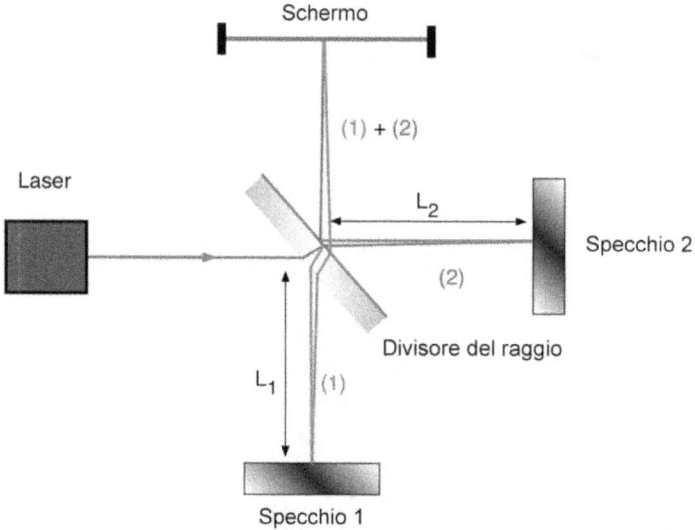

L'esperimento Michelson-Morley

Il raggio parte dal laser, incontra uno specchio semi-argentato ed il raggio si divide in due. Uno arriva allo specchio 2 e l'altro raggio arriva allo specchio 2.

I due raggi tornano poi allo specchio semi-argentato, e raggiungono insieme, sovrapponendosi, lo schermo generando frange di interferenza la cui forma dipende da quanto i raggi stessi sono sfasati.

Ponendo il sistema concorde col supposto etere e col movimento della Terra intorno al Sole e poi in senso opposto gli scienziato non notarono alcun cambiamento nelle frange di interferenza per cui conclusero le tre ipotesi viste prima, ma non vollero credere che l'etere non esistesse, per loro era una realtà indiscutibile.

Lorentz suppose che il braccio verso la direzione del moto si accorciasse mentre, infine, Einstein concluse che era la luce una costante e che l'etere non c'entrava nulla.

Volendo approfondire questo argomento suggerisco di consultare il seguente documento:

Esperienza Michelson-Morley e l'etere (INFN) - http://bit.ly/2G3g69b

In questo documento vengono riportati i calcoli per determinare la velocità della luce con l'ipotesi che se il vento d'etere fosse esistito, la velocità della luce sarebbe stata diversa nelle varie direzioni.

Guardando all'interno dell'interferometro, si sarebbero dovute vedere delle frange di interferenza che dovevano risultare sensibilmente diverse ruotando l'interferometro per effetto della velocità della Terra che ruota intorno al Sole.

Questo spostamento delle frange, secondo i calcoli dei due scienziati, avrebbe dovuto essere di circa mezza lunghezza d'onda della luce gialla, e quindi le frange scure avrebbero dovuto sovrapporsi sulle frange chiare come nella prima figura che segue.

In realtà, comunque si orientasse l'interferometro, non venne osservato nessuno spostamento, sebbene gli strumenti utilizzati fossero molto sensibili, inoltre alla stessa conclusione giunsero tutti coloro che, con tecniche molto perfezionate, ripeterono il medesimo esperimento.

SPOSTAMENTO ATTESO DELLE FRANGE DI INTERFERENZA NEL CASO DI VELOCITA' DIVERSE RUOTANDO L'INTERFEROMETRO

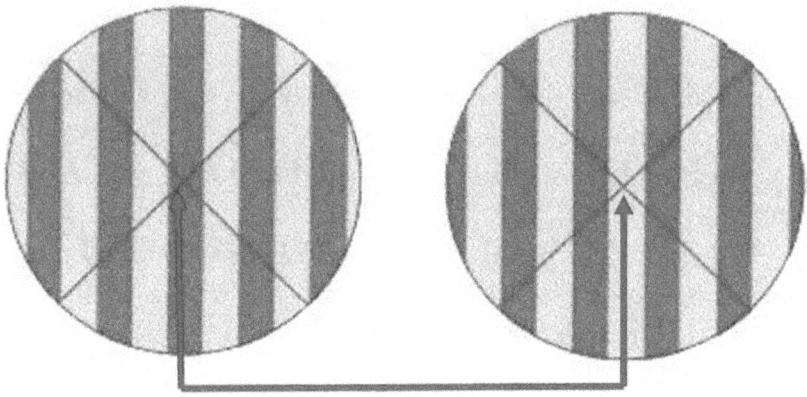

Frange di interferenza attese con meccanica galileiana

RUOTANDO L'INTERFEROMETRO NON FU OSSERVATO ALCUN SPOSTAMENTO DELLE FRANGE

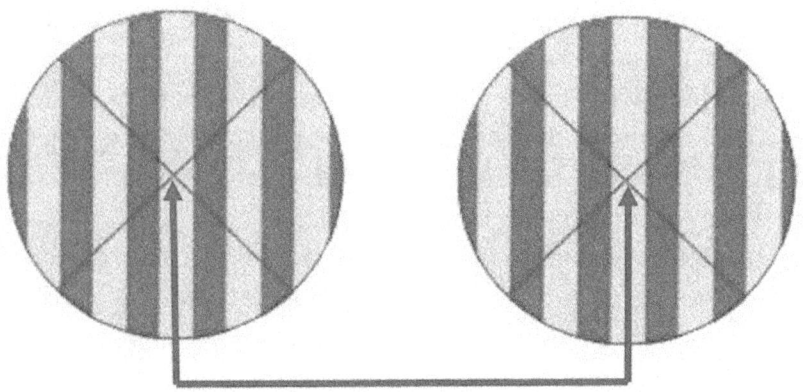

L costanza della luce viene così verificata sperimentalmente

Relatività ed elettromagnetismo

In un capitolo precedente abbiamo citato lo scienziato scozzese James Clerk Maxwell che nel 1865 riunì in quattro famose equazioni tutta la fenomenologia che riguarda l'elettricità ed il magnetismo e che nella loro brevità riassumevano quasi due secoli di storia scientifica.

Maxwell era uno scienziato teorico ed un grande matematico e con le sue equazioni imbrigliò per sempre le leggi che governano le relazioni quantitative del campo elettrico e del campo magnetico sia nel vuoto e sia in un mezzo.

Le equazioni in questione contengono operatori alle derivate parziali e si studiano all'università nei corsi avanzati di fisica e di matematica e sono ancora oggi la base per gli studi sull'elettromagnetismo.

Devo ammettere di avere avuto difficoltà nello studio di queste equazioni a suo tempo e non tanto per a capirne il significato ben spiegato nei testi scolastici, ma nell'applicarle praticamente in calcoli nelle esercitazioni.

Non intendo pertanto ritornarci sopra a così grande distanza di tempo sia perché inutile al nostro scopo ora, sia perché non credo di riuscirci.

Per la pura curiosità del lettore ne riporto nel seguito la forma più sintetica e, a detta dei matematici, nella loro forma più "bella". nel caso della loro applicazione nel vuoto assoluto.

L'apparente semplicità non deve trarre in inganno; il formalismo sintetico della matematica ha raggiunto livelli incredibili ed alcuni di una bellezza estetica ammirevole racchiudendo realtà di inimmaginabile complessità, come le moderne equazioni del modello standard che in poche righe racchiudono tutto il conosciuto dell'universo ... e che solo pochi possono decriptare e sviluppare.

Le equazioni di Maxwell ne sono state un primo e grandioso esempio.

$$\text{div } E = 4\pi\rho$$
$$\text{div } B = 0$$
$$\text{rot } E = -\frac{1}{c}\frac{\partial B}{\partial t}$$
$$\text{rot } B = -\frac{1}{c}\frac{\partial E}{\partial t} + \frac{4\pi}{c}J$$

Versione sintetica delle equazioni di Maxwell

Nell'immagine appaiono gli operatori scalari "Div", divergenza, e gli operatori vettoriali "rot", rotore, collegati a derivate parziali dei campi "B", campo magnetico ed "E", campo elettrico, derivati rispetto a "t" il tempo. Inoltre compare "c" che è la velocità della luce.

Queste relazioni governano il comportamento del campo elettrico "E" ed il campo magnetico "B" ed un loro sviluppo richiede una buona conoscenza del calcolo differenziale, che è meglio lasciare ai matematici.

Relatività ed elettromagnetismo

Col lavoro sulla relatività speciale del 1905, Einstein ha realizzato un nuovo modo per l'unificazione spontanea dei concetti di elettricità e magnetismo contenuti implicitamente nelle equazioni di Maxwell.

Einstein dimostra come l'elettricità ed il magnetismo siano differenti aspetti dello stesso fenomeno e quale dei due aspetti sia preponderante, dipende dalla velocità dell'osservatore rispetto la carica elettrica.

Per raggiungere questo fondamentale risultato è partito dal considerare un singolo elettrone in stato di quiete. In quella situazione l'elettrone esercita una forza elettrica definita dalla legge di Coulomb, legge formalmente simile alla prima legge di attrazione tra le masse di Newton $F = gmM/d^2$, cioè la forza di attrazione tra due masse "m" ed "M" è uguale al prodotto delle masse stesse e la costante di gravitazione universale "g" diviso per il quadrato della distanza "d" tra di loro.

Similmente la legge di Coulomb afferma che $F = kqQ/d^2$, cioè che la forza di attrazione o di repulsione "F" tra due cariche elettriche "q" e "Q" è uguale al loro prodotto moltiplicato per una costante "k" che dipende dal mezzo in cui le cariche sono immerse ed il tutto diviso dalla loro distanza "d" al quadrato.

Si noti come la natura è un po' strana, la forza di gravità è sempre e solo attrattiva, mentre la forza elettrica è sia attrattiva e sia repulsiva, ma gli effetti dipendono sempre dal quadrato della distanza.

Esperimenti sugli elettroni emessi durante il decadimento radioattivo realizzati prima del 1905 avevano permesso di sapere che, se l'elettrone si muove, la sua forza elettrica si modifica ed entra in gioco una nuova forza, quella magnetica.

Si era già in grado di misurare con precisione i parametri in gioco con gli strumenti a disposizione, ma rimaneva la difficoltà di spiegare teoricamente quello strano comportamento.

Le equazioni di Maxwell prevedevano quelle misurazioni, ma i risultati in un primo tempo contraddicevano la teoria della relatività speciale e sembravano dare ragione agli avversari di Einstein ed a tutti quelli, molti, che fermamente credevano nell'esistenza dell'etere.

Ci vollero alcuni anni per capire che a sbagliare non era Einstein, ma le misurazioni che non tenevano conto del fatto che un elettrone in moto aumentava la sua massa inerziale rispetto all'elettrone in quiete e che tenendo conto di questo fatto, ancora non compreso, erano le equazioni di Einstein quelle corrette. che così l'esperimento confermava anziché confutare.

Ancora una volta si dimostrava quanto l'intuizione di una legge generale come la relatività, seppure ancora "speciale", avesse la forza di una coerenza incredibile, se considerata in tutte le sue conseguenze.

Opportuno precisare che tutto quanto detto si riferisce a TUTTE le onde elettromagnetiche il cui spettro è amplissimo andando dalle onde radio ai raggi gamma.

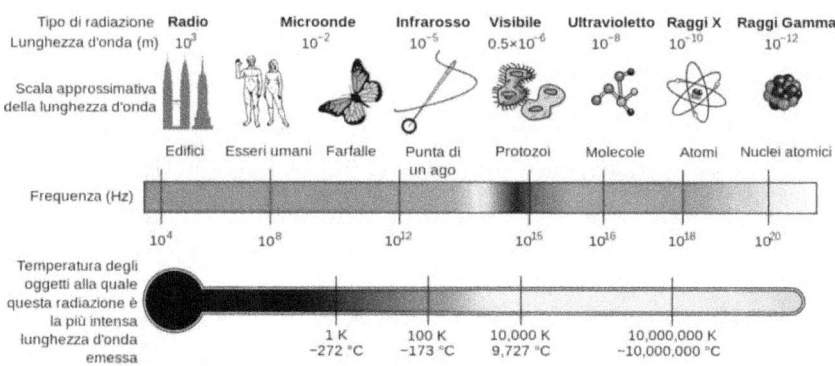

Gamma delle onde elettromagnetiche governate dalle equazioni di Maxwell

Equivalenza massa energia

La teoria della relatività speciale ha portato anche all'unificazione dei due principi sulla conservazione dell'energia e conservazione della massa, principi separati nella meccanica classica e che qui convergono in un unico principio più generale della conservazione della massa-energia. Questo principio conserva la combinazione di massa ed energia e l'una può quindi trasformarsi nell'altra soddisfacendo questo nuovo principio unificante.

Einstein dimostrò l'equivalenza tra massa ed energia

Einstein poi, partendo dai presupposti visti, dimostrò l'equazione che definisce l'equivalenza tra massa ed energia, nota ormai in tutto il mondo:

$$E=mc^2$$

Dove "c", ricordiamolo bene, è l'enorme velocità della luce pari a 300.000 km/sec, per cui un chilogrammo di massa equivale a quasi

100.000 Terajoule, che è l'energia elettrica che l'intero mondo consuma in un anno.

Detto in altro modo, la bomba atomica di Hiroshima ha ottenuto la sua energia trasformando mezzo grammo di massa in potenza esplosiva ed oggi esistono bombe H che possono trasformare in energia oltre 200 grammi di massa in un sol colpo e speriamo di non doverle vedere utilizzate!

Ma come è giunto Einstein a questo risultato sbalordivo la cui importanza fu trascurata al suo tempo.

Questo risultato non appare in modo esplicito nel suo articolo del 1905 sulla relatività, ma nello stesso anno, in un altro breve articolo in cui deduce questo concetto di equivalenza tra energia e massa con un ragionamento.

Vediamo di capire il geniale metodo deduttivo da lui utilizzato e che riporto in modo testuale per la sua relativa semplicità e comprensibilità, senza alteralo, con semplificazioni che spesso leggo nei testi divulgativi e che finiscono col renderlo meno comprensibile.

Senza utilizzare calcoli lui parte da un **"esperimento mentale"** in cui immagina un atomo che subisce un decadimento radioattivo emettendo una radiazione elettromagnetica sotto forma di raggi gamma.

Poiché l'energia ed il momento devono essere conservati ed in base a quanto la sua teoria della relatività prevede, Einstein conclude che l'atomo, dopo il decadimento, deve avere una massa minore di quella originale.

La conseguenza di questo ragionamento comporta che la quantità di massa persa dall'atomo durante il decadimento deve essere uguale all'energia totale (E) che viene trasferita, divisa per il quadrato della velocità della luce che, in formula, diventa: $E=mc^2$.

La frase che riporto testuale dall'artico di Einstein afferma:

Equivalenza massa energia

"Se un corpo disperde l'energia E sotto forma di radiazione, la sua massa diminuisce di una quantità pari a E/c^2, inoltre non è da escludere che la teoria trovi conferma nel caso di corpi a contenuto energetico fortemente variabile come i sali di radio".

Oggi noi sappiamo bene quale enorme conseguenza abbia avuto questa intuizione ed è incredibile come lo stesso Einstein non ne avesse percepito l'importanza.

Una delle prime bombe atomiche a fissione

Dobbiamo aprire una parentesi sul concetto di "massa"; il senso comune fa coincidere la massa con il suo contenuto di materia e questo porta il lettore a pensare che l'aumento della massa previsto dalla teoria della relatività corrisponda ad un aumento di materia. Niente di più falso.

La massa per i fisici non è il suo contenuto materiale, ma il suo effetto rispetto alle forze esercitate su un corpo di una certa massa ma il corpo non modifica la sua struttura.

Precisiamo meglio questo importante punto che spesso gli studenti delle scuole superiori non hanno chiaro.

La massa per le teorie di meccanica discende dall'equazione **F=ma** e quindi **m=F/a**, quindi, quella che abbiamo fino ad ora chiamato massa ed utilizzata nei calcoli relativistici non è altro che la forza necessaria per attribuire una certa accelerazione ad un corpo.

Quando un corpo si avvicina alla velocità della luce la sua massa aumenta nel senso che occorre una maggior forza per accelerarlo, il suo contenuto di materia non cambia!

Ecco perché in fisica la massa, per una sua maggior specificazione, viene chiamata "massa inerziale" con riferimento appunto alla sua capacità di opporsi all'accelerazione.

Citiamo qui anche la "massa gravitazionale" che, per lo stesso corpo, è quella che la forza di gravità accelera e che avrà un ambito speciale nella teoria della relatività generale.

Questo meccanismo risolve il mistero dell'energia che sostiene le stelle ed il nostro Sole: trasformando al loro interno l'idrogeno di cui sono composte in elio producono immense quantità di energia.

Ci vogliono quattro atomi di idrogeno o, meglio, i loro nuclei consistenti in un protone che "fondendosi" creano un nucleo formato da due protoni e due neutroni la cui unione crea un nucleo di elio con una massa inferiore dei quattro protoni di partenza. La massa persa si è trasformata nell'energia che riscalda le stelle.

Questa si chiama **"fusione nucleare"** la cui efficacia mortale la ritroviamo nelle bombe all'idrogeno di cui oggi il mondo è pieno ma, anche nel progetto internazionale ITER :

Internat. Thermonuclear Experimental Reactor: https://www.iter.org che l'umanità sta cercando di sfruttare per produrre grandi quantità di energia pulita.

La "**fissione atomica**" sfrutta il trasformare massa in energia, con un processo opposto: nella fissione si spacca un atomo di uranio 235 o plutonio e la somma delle parti risultanti perde massa, che diventa energia.

L'energia atomica generata dalla fissione dell'uranio 235 e del plutonio, sono la base del funzionamento delle centrali atomiche, dette appunto a fissione e che in numero di centinaia oggi producono energia elettrica in molti Paesi

Centrale atomica francese a fissione

Vediamo subito perché l'energia da fusione dovrebbe essere pulita, anche se per la verità qualche scienziato ha già ammesso che totalmente pulita proprio non lo sarà.

Nella fissione gli elementi attivi sono l'uranio 235 ed il plutonio, ambedue elementi estremamente radioattivi e tossici.

La fissione si realizza bombardando con neutroni gli elementi attivi i cui atomi si spezzano, dando origine a nuovi elementi radioattivi ed energia.

Il risultato quindi, piuttosto pesante per la nostra vita, è che le centrali atomiche, oggi in funzione ed anche quelle progettate recentemente, sono dei grandi contenitori di elementi radioattivi e che generano scorie tossiche per centinaia di migliaia di anni.

Con la fusione atomica invece non si generano nuovi elementi radioattivi, si fondono atomi di idrogeno, o meglio un isotopo (deuterio) per formare atomi di elio, un gas assolutamente inerte ed utilizzato anche per gonfiare i palloncini dei nostri figli.

Questo processo è analogo a quello che avviene al centro del Sole e che lo tiene in vita da 5 miliardi di anni e che pare lo farà ardere ancora per altri 5 miliardi di anni per la gioia e la salute dei nostri pronipoti. Questo è sostanzialmente un processo pulito.

Sarebbe perfetto per l'umanità, solo che per innescarsi ha bisogno di una temperatura di almeno 30 milioni di gradi centigradi ed alcuni milioni di atmosfere di pressione, facili da ottenersi facendo esplodere una bomba atomica, ma piuttosto complicato da ottenersi in un pentolone ed in modo continuo.

Nonostante questi apparentemente invalicabili ostacoli, il citato progetto internazionale ITER punta a produrre le condizioni di una fusione nucleare controllata e continua entro l'anno 2025.

Con i dati acquisiti, poi, si procederebbe con la costruzione di una centrale a fusione per applicazioni pratiche, che dovrebbe vedere la luce nella seconda metà di questo secolo.

Equivalenza massa energia

Stiamo pertanto parlando di qualcosa che, se tutto andrà bene, produrrà degli effetti pratici per tutti noi, o chi al momento ci sarà, non prima della fine del secolo.

Ma perché è così importante riuscire nell'intento, perché si spendono così tanti miliardi di dollari e migliaia di scienziati di tutto il mondo ci stanno lavorando alacremente?

Perché, se l'umanità riuscirà a produrre l'energia che ci serve con lo stesso metodo con cui la natura provvede ad alimentare le stelle, noi avremo energia a disposizione infinita e potremmo fare a meno di tutto il resto, compreso il carbone, il petrolio e l'uranio.

Vediamo di completare questo argomento la cui teoria ha visto la luce nella mente di Einstein oltre cento anni fa.

All'interno della nostra stella, ilSole, esiste da cinque miliardi di anni una centrale termonucleare che lo mantiene in vita e che solo ora noi cerchiamo di duplicare in miniatura imitandone i più intimi processi.

L'universo è costituito per la massima parte dall'elemento più leggero, l'idrogeno, che è anche l'elemento più semplice, formato da un solo protone al centro ed un elettrone che gli gira intorno.

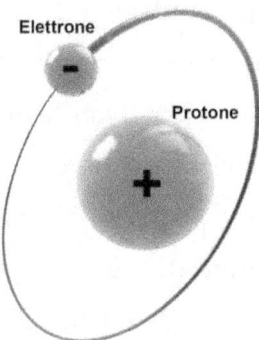

Atomo di idrogeno: un elettrone che gira intorno ad un protone

Questo piccolo e modesto atomo è il carburante che alimenta tutte le stelle così come il nostro Sole, e che ora stiamo cercando di far diventare anche il nostro carburante: vediamo come.

Sulla terra si trova per lo più come elemento che con l'ossigeno forma la molecola dell'acqua.

Esistono anche due isotopi dell'idrogeno: il deuterio ed il trizio, rispettivamente con un neutrone e due neutroni in più nel nucleo. Sono questi due isotopi che il progetto ITER al momento utilizza per il suo processo di fusione.

Al centro del Sole fa piuttosto caldo, intorno ai 20 milioni di gradi centigradi e la pressione raggiunge livelli impensabili, dell'ordine delle centinaia di miliardi di atmosfere, un'ambientino piuttosto inospitale per noi.

Con quelle pressioni e quelle temperature, gli atomi di idrogeno perdono il loro elettrone ed i protoni rimasti da soli vengono pressati uno contro l'altro.

La pressione vince la repulsione dovuta al fatto che i protoni sono tutti caricati positivamente ed il risultato è che quattro protoni, ossia quattro nuclei di idrogeno, arrivano a formare un unico nucleo con quattro protoni, che però rimanendo così non sarebbero stabili.
Per diventare stabili, due protoni si trasformano in neutroni emettendo energia sotto forma di fotoni ed altre particelle: in breve l'idrogeno brucia trasformandosi in elio ed una parte della sua massa originale diventa energia, molta energia.

Equivalenza massa energia

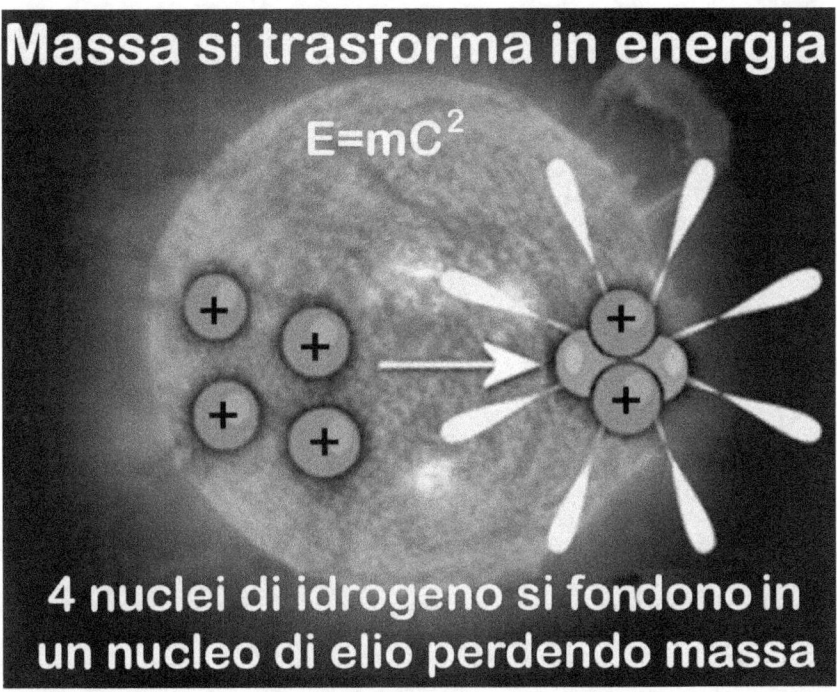

Processo di fusione al centro del Sole

Il progetto Iter intende mettere insieme una macchina che riproduca in modo permanente questo processo, cioè trarre energia facendo collidere elementi leggeri come l'idrogeno ed i suoi isotopi (deuterio e trizio) per dare origine a nuclei d'atomi di elio con il contemporaneo sviluppo di energia termica, utilizzabile per produrre energia elettrica. Appare evidente che, disponendo di idrogeno e dei suoi isotopi estraibili dall'acqua di mare, si potrebbe disporre di energia senza limiti e non inquinante.

Si sono citati anche gli isotopi dell'idrogeno solo perché con questi pare sia più facile ottenere la fusione con condizioni meno pesanti di quelle presenti nel Sole, comunque chi fosse interessato può approfondire il tutto sul sito del progetto ITER.

Come si può facilmente immaginare il problema più difficile da superare per creare una fusione atomica controllata è il contenere un qualcosa che deve essere riscaldato ad oltre 10 milioni di gradi centigradi.

Non esiste alcun materiale che potrebbe resistere a temperature simili, per cui si è pensato di confinare l'idrogeno da riscaldare o meglio il plasma, come si chiama la sostanza da riscaldare, utilizzando potenti campi magnetici. Una volta confinato all'interno di questi campi si riscalderebbe con vari modi allo studio: dal laser alle onde elettromagnetiche ... non certo con una bomba atomica che causerebbero qualche disastro.

Nel passato si è già riusciti a creare una fusione controllata di idrogeno, ma solo per minime frazioni di secondo: questo fu ottenuto dagli scienziati russi con una loro apparecchiatura denominata Tokamak e, sulla falsariga di questa macchina, l'ambizioso progetto ITER intende provare come si possa creare una fusione atomica che duri nel tempo e che generi più energia di quanta ne consuma per funzionare.

Equivalenza massa energia

Nucleo centrale dove avviene la fusione controllata

Oltre alla grande sfida ingegneristica e gestionale rappresentata dal progetto, tra gli obiettivi di ITER vi è ala verifica delle proprietà teoriche previste per un plasma di deuterio-trizio ad alta temperatura. Con i prossimi test si potranno verificare i seguenti punti necessari per giungere alla vera e propria centrale da fusione.

Produrre un plasma avente caratteristiche vicine a quelle richieste per la fusione e mantenere questo plasma in condizioni stabili e confinato per alcuni minuti.

Verificare che le particelle alfa (nuclei di elio) prodotte dalle reazioni di fusione siano in grado di riscaldare efficientemente la parte centrale del plasma .

Testare i sistemi di riscaldamento del plasma, in particolare le delle antenne a radiofrequenza e gli iniettori di atomi neutri.

Verificare l'interazione di questi metodi di riscaldamento con le particelle alfa prodotte dalla fusione.

Questo grandioso progetto che si sta sviluppando in Francia, nella città di Cadarache, a nord di Marsiglia, prevedono la conclusione della prima fase per il 2019.

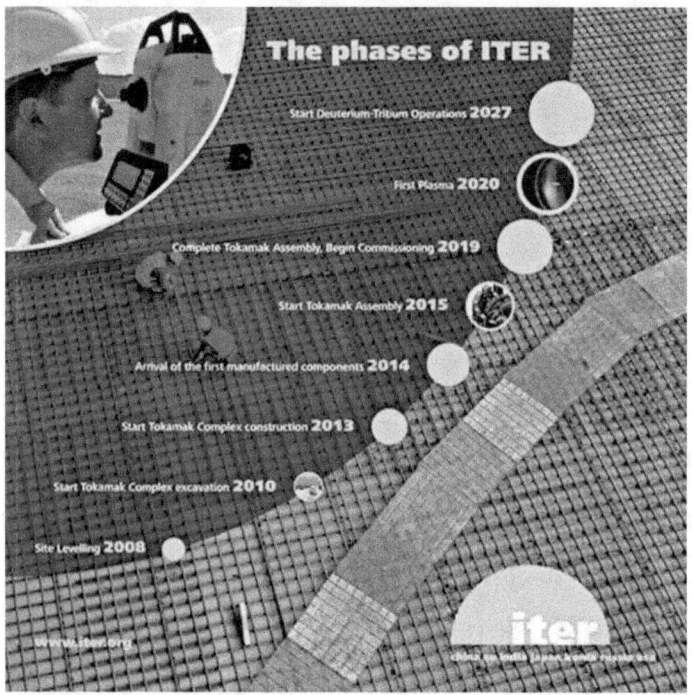

Fasi previste per il progetto ITER di fusione atomica controllata

GRANDI SCIENZIATI

Nelle pagine che seguono sono riportate brevi biografie degli scienziati che, con i loro lavori, hanno contribuito alla realizzazione della teoria della relatività.

Sono fisici teorici, fisici sperimentali e matematici, a loro dobbiamo molto.

Sono elencati in ordine di nascita partendo dalla più recente

Congresso Solvay del 1927

I congressi Solvay fondati dall'industriale belga Ernest Solvay, sono una serie di conferenze scientifiche dedicate ad importanti problemi riguardanti fisica e chimica, che si tengono ogni tre anni a partire dal 1911.

Scopo di questo congressi è il riunire le più grandi menti scientifiche per discutere i problemi scientifici più attuali.

Viene spesso ricordato il congresso del 1927 a cui parteciparono molti premi Nobel, tra cui lo stesso Einstein.

Bruxell, Congresso Solvay 1927

In piedi, in terza fila: A. Piccard, E. Henriot, P. Ehrenfest, E. Herzen, Th. de Donder, E. Schrödinger, J.E. Verschaffelt, W. Pauli, W. Heisenberg, R. Fowler, L. Brillouin.

Nella fila centrale: P. Debye, M. Knudsen, W.L. Bragg, H.A. Kramers, P.A.M. Dirac, A.H. Compton, L. de Broglie, M. Born, N. Bohr.

Seduti davanti: I. Langmuir, M. Planck, M. Skłodowska-Curie, H.A. Lorentz, A. Einstein, P. Langevin, Ch-E. Guye, C.T.R. Wilson, O.W. Richardson.

Stephen Hawking (1942 – 2018)

Nato ad Oxford l'8 gennaio 1942, Stephen è uno dei più importanti astrofisici del nostro tempo.

Studente geniale, non per i modesti voti che prendeva a scuola, ma per il suo interesse nello smontare ogni apparecchiatura che gli capitava tra le mani per capirne il funzionamento.

Si è laureato a pieni voti in fisica all'università di Oxford da dove poi è passato al Trinity Collage di Cambridge per approfondire i suoi studi in matematica ed in fisica applicate allo studio dell'Universo.

A 20 anni lo colpì la sclerosi laterale amiotrofica che lo avrebbe presto costretto a vivere su una sedia a rotelle, ma che non ha impedito di continuare i suoi studi e le sue ricerche.

Nonostante i limiti della sua condizione fisica e la necessità di utilizzare un sintetizzatore vocale per comunicare, Hawking ha sviluppato nuove teorie cosmologiche ed occupa oggi nel mondo scientifico un posto paragonabile a quello di Einstein.

La sua notorietà scientifica si deve alle sue pubblicazioni sulla formazione ed evoluzione galattica, sulla termodinamica dei buchi neri, sull'inflazione cosmica e sui modelli cosmici.

Non ha disdegnato la pubblicazione di molti testi divulgativi ed anche di libri per bambini per spiegare, con parole semplici concetti difficili come i buchi neri e l'origine dell'Universo.

Ha teorizzato l'esistenza della vita in altri mondi ed il pericolo per noi se esseri intelligenti giungessero sulla Terra da altri lontani pianeti: afferma che faremmo la fine dei nativi americani, dopo l'arrivo dalle loro parti di Cristoforo Colombo nel 1942.

Numerosissimi i riconoscimenti accademici e le onorificenze che ha ottenuto durante il suo percorso scientifico, non ultima la Liberty Medal offertagli da Obama. Manca solo il premio Nobel.

Dopo aver ricoperto importanti cattedre universitarie, oggi a 74 anni è direttore del dipartimento di matematica e fisica teorica al Trinity Collage di Cambridge, sino alla sua morte.

Edwin Powell Hubble (1889 – 1953)

Nasce a Marshfield, Missouri, il 20 novembre del 1889, ottimo atleta in diverse specialità, tra cui il baseball ed il basket.

Nel 1910 consegue il baccellierato in scienze all'Università di Chicago, dopodiché studia per tre anni ad Oxford, UK.

Fin da giovanissimo si dedica all'astronomia, sua grande passione, e per questo motivo verso i 25 anni, prima di dedicarsi all'astronomia professionale, completa gli studi in matematica e fisica.

Tra l'altro consegue un PhD in Astronomia, studiando allo Yankee Observatory presso l'Università di Chicago, presentando una dissertazione sulla fotografie di nebulose deboli, argomento che gli servirà poi nell'attività di astronomo professionista.

Nel 1919 inizia a lavorare presso l'osservatorio del monte Wilson a Pasadena in California assieme a George Hale, fondatore e direttore di quell'osservatorio, allora il più grande del mondo. Al monte Wilson Observatory lavorerà fino alla sua morte nel 1953. Ebbe comunque il tempo di collaudare il grande telescopio con specchio da 5 metri di Monte Palomar.

Usando il telescopio del monte Wilson riuscì a dimostrare non solo che l'Universo è molto più grande di quanto si credesse, ma che le galassie lontane si allontanano tutte dalla Terra dando origine all'espansione dell'Universo.

La legge che nel 1929 Hubble ha formulato e che ha preso il suo nome, è alla base di tutta la cosmologia moderna fornendo anche quantitativamente il valore dell'espansione in base al red-shift delle galassie, cioè lo spostamento verso il rosso del loro spettro ottico.

Questa scoperta è all'origine della formulazione del Big Bang che spiega come questo allontanamento sia dovuto ad un'iniziale esplosione del'Universo ed alla sua conseguente espansione.

Arthur Eddington (1882 – 1944)

Nato A Kendal in Inghilterra Eddington, fisico ed astronomo, è considerato uno tra i primi e più importanti astrofisici del XX secolo.

Nel 1912 divenne titolare della cattedra di astronomia a Cambridge e poi divenne direttore dell'osservatorio Reale di Greenwich.

Ha contribuito in maniera sostanziale alla teoria della relatività di Einstein con sue pubblicazioni, ancora considerate pilastri per comprendere quelle difficili teorie.

Il 29 maggio 1919 con una spedizione astronomica a Principe (São Tomé) riuscì a fotografare la curvatura dei raggi provenienti da stelle lontane durante un eclisse totale di Sole, confermando anche quantitativamente la teoria generale della relatività di Einstein.

Eddington rese popolari le scienze, scrivendo numerosi libri divulgativi, scoprì il **"limite di Eddington"** che predice il limite della luminosità di una stella per una data massa e per primo indicò nella fusione nucleare il processo che alimenta le stelle.

Negli anni trenta e quaranta si dedicò fortemente per dimostrare la sua "teoria fondamentale", con la quale cercava l'unificazione della teoria quantistica con quella della teoria della relatività e delle leggi della gravitazione, senza peraltro giungere alla conclusione cercata.

Fu acerrimo avversario del fisico indiano Subrahmanyan Chandrasekhar sulla questione del limite della massa di una stella nana per diventare stella di neutroni.

Si scoprirà poi che lo scienziato indiano aveva ragione ed i dettagli della teoria di Chandra si trovano nel mio primo libro di questa serie:

Astrofisica 1, dal Big Bang ai Buchi Neri: http://amzn.to/2plDvbA

Karl Schwarzschild (1873 – 1916)

Nato a Francoforte in Germania, pubblicò i primi lavori di astronomia tra i 16 ed i 18 anni e dal 1897, una volta laureatosi in astronomia, divenne assistente nell'Osservatorio presso Vienna dove continuò i suoi studi e la pubblicazione di numerosi articoli.

E' considerato un padre fondatore dell'astrofisica con particolare riguardo alla spettrografia ed alla fotografia astronomica per la quale fu anche un geniale innovatore.

Nel 1908 scoprì l'effetto che da lui prese il nome di "effetto Schwarzschild", metodo fotometrico per classificare le stelle.

Divenne poi, e fino alla sua morte nel 1916, responsabile dell'importante Osservatorio Astronomico vicino a Berlino.

Per quanto riguarda le teorie di Einstein, Schwarzschild fu tra i primi scienziati a comprenderne le profonde implicazioni e si dedicò alla risoluzione delle equazioni relativistiche di campo scoperte da Einstein, arrivando a conclusioni impensabili per l'epoca.

Scoprì che comprimendo la materia entro un raggio sferico caratteristico per ogni massa si possono rompere tutti i legami atomici fino a creare quello che oggi definiamo Buco Nero.

Inoltre ne descrisse la formula che ne definisce le proprietà, cioè la forza di gravità infinita ed il fatto che qualsiasi radiazione non potrebbe sfuggire da quell'entità.

Si scoprirà molti anni dopo quanto questo scienziato avesse ragione. I dettagli di questa teoria si trovano nel mio primo libro di questa serie:

Astrofisica 1, dal Big Bang ai Buchi Neri: http://amzn.to/2plDvbA

Schwarzschild morì prematuramente nel 1916 sul fronte russo durante la prima guerra mondiale.

Albert Einstein (1872 – 1955)

Forse il più grande e più noto noto scienziato del secolo scorso, nasce il 14 marzo 1879 a Ulma in Germania. Dopo un passaggio in Italia col padre industriale nel mondo dei prodotti elettrici dell'epoca, si iscrive al Politecnico di Zurigo dove si laurea nel 1900 in fisica e matematica, materie per cui ha una grande passione.

Una volta laureato inizia la sua attività come impiegato dell'ufficio brevetti, ove alterna lavoro e studio della fisica teorica.

Nel 1905 pubblica negli Annalen der Physik, principale rivista scientifica tedesca, 3 articoli che lo renderanno famoso: il primo sull'effetto fotoelettrico, il secondo sul moto browniano ed il terzo sull'elettrodinamica dei corpi in movimento (oggi denominata teoria speciale della relatività).

Nel 1914 diventa direttore all'Istituto di Fisica di Berlino e nel 1915 pubblica la sua Teoria Generale della Relatività. Nel 1921 gli viene assegnato il premio Nobel per la Fisica per il suo lavoro sull'effetto fotoelettrico pubblicato nel 1905.

Trovandosi nel 1933 in USA ad una conferenza presso l'Università di Princeton, decide di non tornare in Germania per le leggi razziali approvate in quel Paese proprio in quel momento.

Profondo pacifista comunque, nel 1940 scrive una famosa lettera al presidente Roosvelt per convincerlo sulla necessità di costruire la bomba atomica prima della Germania, lettera di cui si pentirà.

I meriti, i riconoscimenti, le idee scientifiche e politiche di questo grandissimo scienziato riempiono intere biblioteche e le sue teorie resistono ad ogni prova pratica tanto che sono ancora oggi la base di tutte le teorie cosmologiche.

Einstein muore a Princeton il 18 maggio 1955 a 76 anni, ancora convinto, come disse con una sua famosa frase "che Dio non gioca a dadi", alludendo alla meccanica quantistica verso la quale nutriva profondi dubbi.

Ermann Minkowski (1864 – 1909)

Questo grande matematico ci interessa in modo particolare perché a Zurigo fu insegnante di Albert Einstein.

Laureatosi nel 1885 all'università di Konisberg si dimostrò un grande talento con i suoi lavori sulle forme quadratiche in spazi ad "n" dimensioni.

Divise le ricerche matematiche con David Hilbert all'università di Gottinga e si dimostrò molto prolifico nello sviluppo del calcolo tensoriale.

Dopo aver studiato e capito la teoria della relatività speciale del suo studente, la spiegò nell'ambito di uno spazio multidimensionale non euclideo, detto dal suo creatore "spazio Minkowski".

Il tempo e lo spazio sono interdipendenti in uno spazio-tempo quadridimensionale rappresentativo della geometria di Lorentz e della relatività speciale.

Si considera questo spazio di Minkowski un punto di partenza per Einstein nello sviluppare la sua teoria della relatività generale.

Minkowski espresse queste idee in una sintesi del 1908, in occasione di una importante conferenza per matematici tedeschi. La sua frase pubblica nei resoconti di quell'assemblea afferma testualmente: "**I concetti di spazio e di tempo che desidero esporvi traggono origine dal terreno della fisica sperimentale, e in ciò risiede la loro forza perché sono radicali. D'ora in avanti lo spazio singolarmente inteso, ed il tempo singolarmente inteso, sono destinati a svanire in nient'altro che ombre e solo una connessione dei due potrà preservare una realtà indipendente**".

Minkoski morì prematuramente nel 1909, a 44 anni.

David Hilbert (1862 – 1943)

Matematico tedesco ricordato come estensore della geometria euclidea con l'introduzione 20 assiomi, partendo dai quali costruì una geometria completamente nuova. Hilbert afferma testualmente che : "Se la geometria tratta di *cose*, gli assiomi non sono verità evidenti in sé, ma devono essere considerati arbitrari".

Hilbert enumera i concetti indefiniti che sono: punto, retta, piano, *giacere su* (una relazione fra punto e piano), *stare fra*, congruenza di coppie di punti, e congruenza di angoli. Così il sistema di assiomi riunisce in un solo insieme la geometria euclidea piana e solida.

Famosi sono i 23 problemi che Hilbert propose nel 1900 con l'intento di riorganizzare l'intera matematica. Questi problemi comunicati in modo organico alla comunità dei matematici erano da lui ritenuti i problemi più cruciali che dovevano essere risolti.

Il suo tentativo di assiomatizzazione completa della matematica non riuscì e solo Gödel nel 1931 con i suoi teoremi di incompletezza dimostrò come fosse impossibile.

Hilbert scoprì le equazioni di campo per la teoria della relatività generale di Albert Einstein, ma non ne rivendicò la scoperta. Un articolo del 1997 su Science[1] mostra come Hilbert inviò il suo articolo il 20/11/1915, cinque giorni prima di quello di Einstein, con le equazioni corrette. Hilbert comunque scrisse: "Le equazioni differenziali della gravitazione ottenute mi sembrano in accordo con la magnifica teoria della relatività generale enunciata da Einstein nel suo ultimo articolo".

Tra gli studenti di Hilbert vi furono Hermann Weyl, Ernst Zermelo, John von Neumann, e Emmy Nöther.

Jules Henri Poincaré (1854 – 1912)

Grande matematico, nasce a Nancy, Francia, e conseguì nel 1979 la laurea in ingegneria all'Ecole Polytechnique nel 1875.
Nei seguenti studi si dedicò alle equazioni differenziali per le quali inventò un nuovo modo per determinarne l'integrale e studiarne le proprietà geometriche.
Tra le sue attività le due più prestigiose furono la presidenza nel 1906 dell'Accademia delle scienze francese e nel 1909 la partecipazione all'Académie Francçaise, come membro eccellente.
Poincaré contribuì in molti campi della matematica pura e applicata tra cui meccanica celeste, meccanica dei fluidi, ottica, elettricità, telegrafia, elasticità, termodinamica, teoria del potenziale, l'allora nascente teoria della relatività e cosmologia.
Significativi sono stati i suoi contributi alla teoria della relatività speciale e già nel 1904 trattò del "moto relativo" che introduceva per la prima volta il principio in base al quale nessun esperimento può discriminare tra uno stato di moto uniforme ed uno stato di quiete, anticipando così la teoria della relatività speciale di Einstein del 1905.
Studiò anche la relazione tra massa ed energia limitatamente al campo elettromagnetico ed in presenza dell'etere.
Interessante il rapporto tra Einstein e Poincaré sulla relatività: Einstein citò Poincaré nel testo di una conferenza del 1921 intitolata a proposito di geometrie non euclidee, ma non in relazione alla relatività speciale. Solo nel 1950 Einstein ammise che Poincaré era stato uno dei pionieri della relatività ed aggiunse: "Lorentz aveva riconosciuto che la trasformazione che porta il suo nome è essenziale per l'analisi delle equazioni di Maxwell, ma che Poincaré aveva ulteriormente approfondito meritevolmente la questione".

Hendrik Antoon Lorentz (1853 – 1928)

Eminente fisico Olandese, pilastro dello sviluppo teorico dell'elettromagnetismo e dell'elettrodinamica.

Più volte citato in questo libro per le sue trasformate che Einstein utilizzò per la descrizione dello spazio-tempo nella sua relatività speciale.

Laureatosi nel 1875 con una tesi sulla diffrazione della luce con la quale perfezionò la teoria elettromagnetica di James Maxwell.

Giovanissimo divenne professore di fisica teorica presso l'università di Leida (Olanda). Si occupò, oltre che di fisica teorica, della relazione tra magnetismo ed elettricità, della luce e della relatività.

I suoi contributi sullo sviluppo della fisica sono stati fondamentali e nel 1902 gli fu assegnato il premio Nobel.

Einstein ha attinto a piene mani dalle sue ricerche e le sue trasformazioni rappresentano la base teorica della teoria della relatività speciale.

Famosi nel mondo della fisica ed ancora oggi attuali sono i seguenti contributi di questo fantastico fisico:

"**Tarsformazioni di Lorentz**", spesso citate in questo libro, sono delle trasformazioni di coordinate tra due sistemi di riferimento inerziali che descrivono come varia la misura del tempo e dello spazio quando l'oggetto della misura è in moto rettilineo uniforme rispetto all'osservatore.

"**Il fattore di Lorentz**" che appare nella relatività speciale come "gamma" e che misura in campo relativistico la contrazione delle lunghezze, la dilatazione del tempo e la formula per la massa.

"**La forza di Lorentz**", che rappresenta la forza che un campo elettromagnetico esercita su un oggetto elettricamente carico.

Gergorio Ricci Curbastro (1853 – 1925)

Insigne matematico italiano, nato a Bologna, ha studiato alla Scuola Superiore Normale di Pisa, dove si laureò nel 1975 in scienze e matematiche.

Nel 1880 vinse la cattedra di professore straordinario di matematica all'Università di Padova e all'inizio si occupò della geometria delle forme differenziali di Riemann.

A lui si deve il fondamentale trattato sul "Calcolo differenziale assoluto" che rappresenta un capolavoro ancora attuale di calcolo tensoriale.

E' questo calcolo che ebbe un ruolo determinante nelle dimostrazioni della teoria della relatività, che generale di Einstein.

Da lui derivò il "tensore di curvatura di Ricci" un tensore simmetrico di secondo ordine, parte essenziale della teoria di Einstein pubblicata nel 1916 , che misura la curvatura di una "varietà" di Riemann. Con opportune operazioni da questo si ricava il tensore di Einstein che è uno degli elementi dell'equazione di campo della teoria generale della relatività che descrive la curvatura dello spazio-tempo.

Fu membro dal 1899 dell'Accademia dei Lincei, dal 1905 dell'Accademia di Padova, dal 1922 della Reale Accademia di Bologna e dell'Accademia Pontificia delle scienze.

La sua attività comprese anche altre aree al di fuori della matematica come collaborazioni in idraulica per bonifiche e fu attivo in politica: *"Diede alla scienza il calcolo differenziale assoluto, strumento indispensabile per la teoria della relatività generale, visione nuova dell'universo"*.

Al prof. Gregorio Ricci è stato dedicato l'asteroide 13642.

Ernst Waldfried Josef Wenzel Mach (1838 – 1916)

Nato a Chrice in Moravia fu uno dei più importanti fisici sperimentali del suo tempo. Nel 1860 si è laureato in fisica e matematica all'università di Vienna. Divenne poi professore di fisica e matematica all'università di Graz.

Seppure menomato da un ictus riuscì a portare avanti importanti studi di fisica ed a pubblicare numerosi lavori rimasti fondamentali per la fisica e la filosofia.

La misura delle velocità supersoniche in numeri di Mach prende da lui quel nome per i suoi meriti nello studio di corpi in movimento nei fluidi.

Filosoficamente Mach dava importanza nelle analisi dei fenomini fisici solo all'esperienza sensoriale ed era contrario ad elucubrazioni mentali che prescindessero dall'esperienza.

Studiò a questo fine la percezione sensoriale e le illusioni ottiche come l'illusione che si ottiene osservando un gradiente uniforme di luminosità e che prende il nome di "bande di Mach".

Fu il primo critico dello spazio assoluto, fortemente radicato ai suoi tempi, e precursore di quanto poi Einstein, con la sua teoria della relatività, avrebbe dimostrato.

Non credeva alla metafisica che impregnava la scienza e all'ambizione della scienza di descrivere le leggi dell'universo come oggetti separati dall'esperienza sensoriale.

Vedeva le leggi fisiche come schemi di sistematizzazione per i dati sensoriali e strumentali, in sostanza un prodotto umano che oggi potremmo far risalire alla teoria dell'informazione ed agli algoritmi di compressione dei dati empirici come concetto di economia della conoscenza.

Ernst Mach influenzò fortemente Einstein e la corrente filosofica del neopositivismo logico del circolo di Vienna.

James Clerk Maxwell (1831 – 1879)

Nato ad Edimburgo si laureò al Trinity College di Cambridge nel 1854 dove conobbe lo scienziato Lord Kelvin (il cui vero nome era William Thomson) che ebbe su di lui un'influenza fondamentale in campo scientifico.

Nel 1871 divenne responsabile del Cavendish Laboratory all'università di Cambridge. Morì a 48 anni a Cambrige nell'anno 1879.

Maxell si dedicò presto allo studio dei fenomeni elettrici e magnetici con particolare riferimento agli esperimenti di Faraday ai quali dedicò la pubblicazione "Sulle linee di forza dia Faraday".

Il suo saggio "Sulla stabilità degli anelli di Saturno" vinse il premio Adams per la sua originalità che giunse alla conclusione sull'origine del sistema solare da una nebulosa rotante.

Maxewll contribuì all'elaborazione del modello statistico per la teoria cinetica dei gas proseguendo i lavori di Daniel Bernoulli e la distribuzione statistica delle molecole di un gas nota come "distribuzione Maxwel-Boltzman".

Il più importante suo contributo alla scienza consiste senza ombra di dubbio nelle equazioni sull'elettromagnetismo, che presero da lui il nome come "equazioni di Maxwell".

Con queste equazioni Maxwell unificò i lavorii sperimentali di Faraday e di Ampére in 4 equazioni differenziali che descrivono l'interazione tra il campo magnetico, il campo elettrico e la materia.

Le equazioni contengono l'aspetto ondulatorio del campo elettromagnetico e con esse Maxell dimostrò che le onde elettromagnetiche si debbano propagare ad una velocità calcolabile e che in seguito coincise con la velocità della luce.

Georg Friedrich Bernhard Riemann (1826 – 1866)

Nasce a Breselenz in Germania ed è ricordato come uno dei più grandi matematici del suo tempo. Si laureò a Gottinga nel 1849 e nei due anni seguenti pubblicò un lavoro "Sulle funzioni di variabili complesse", "Sulla teoria dei numeri" e "Sull'ipotesi che stanno alla base della geometria".

Con la teoria sulla geometria, Riemann introdusse i concetti di varietà e di curvatura di una varietà geometrica con particolare riferimento agli spazi non euclidei.

Per la prima volta nella storia della matematica Riemann teorizzò una delle questioni che poi saranno riprese da Einstein nella sua teoria della relatività generale per quanto riguarda la natura geometrica dello spazio e della sua curvatura.

A Gottinga nel 1862 divenne assistente di fisica di Wilhelm Eduard Weber e poi vinse la cattedra di che fu di Gauss.

L'ipotesi di Riemann rappresenta uno degli ultimi passi nello studio dei numeri primi, e fu il primo a dare una definizione rigorosa del concetto di primarietà, dimostrando l'infinitezza dell'insieme degli stessi.

Con Gauss, Riemann ricercava la definizione della funzione che fornisce i numeri primi al variare di x compresi fra 0 e la stessa x. A questo proposito introdusse la "funzione zeta di Riemann" , estesa al campo complesso.

L'ipotesi di Riemann rappresenta l'ottavo dei problemi che Hilbert nel 1900 elencò in una celebre conferenza e che a tutt'oggi è irrisolta.

Se l'ipotesi di Riemann venisse dimostrata, si avrebbero conseguenze enormi in informatica dato che molte leggi della crittografia sono basate sui numeri primi. Il poterli calcolare renderebbe inutile tutta la crittografia moderna.

Isaac Newton (1643 – 1727)

Padre del concetto di gravità, nasce il 4 gennaio 1643 a Woolshorpe (UK) e nel 1652 inizia i suoi studi presso la King School di Grantham per poi passare, una volta diplomato, al Trinity College di Cambridge.

A soli 22 anni sviluppò teorie matematiche avanzatissime per l'epoca per poi concluderle con il calcolo infinitesimale, in concorrenza col suo grande avversario Leibniz.

Nel 1670 comincia a studiare l'ottica di cui descrisse scientificamente fenomeni come la rifrazione e la riflessione e che poi gli servì per realizzare il primo telescopio riflettore. Come conseguenza di questi suoi studi arrivò ad ipotizzare che la luce fosse corpus cale le cui particelle si muovono nell'etere.

Nel 1684 pubblica la sua più importante opera intitolata " Philosophiae Naturalis Principia Mathematica", che racchiude tutta la parte scientifica sulla gravitazione universali e le sue tre leggi fondamentali che ancora oggi è un pilastro della meccanica non relativistica e studiata nelle scuole di tutto il mondo.

Nel 1696 divenne guardiano della Zecca di Londra dove svolse importanti incarichi per la coniazione di nuove monete dello Stato.

Nel 1701 pubblicò un lavoro sulla termodinamica e le sue leggi da cui ha avuto origine la "legge del freddo" che porta il suo nome.

L'importante associazione scientifica inglese Royal Society lo nominò suo presidente nel 1703 e poi ebbe numerosi riconoscimenti pubblici per i suoi contributi scientifici ed anche sociali.

Non risulta che si sia sposato né che abbia avuto figli, per cui la sua eredità scientifica, alla sua morte nel 1727 a 84 anni in quel di Londra, è passata al Regno Inglese.

Galileo Galilei (1564 – 1642)

Nato ad Arcetri il 15 febbraio 1564, Galileo è giustamente considerato il filosofo e matematico più meritevole per la nascita della scienza moderna. Nonostante il conflitto con la Chiesa di allora e ben due giudizi negativi della Sacra Inquisizione, riuscì a completare memorabili ricerche ed a farle pubblicare.

La dottrina copernicana abbracciata da Galileo, gli costò una prima condanna che lo costrinse ad abiurarla.

Con l'accordo della Chiesa in seguito Galileo riuscì a pubblicare il suo "Dialogo fra i due massimi sistemi del mondo" in cui metteva a confronto Aristotele e Copernico, senza favorire Copernico come da accordi con la Chiesa, ma il successo dell'opera non piacque ai religiosi per cui fu condannato ai domiciliari a vita.

Quattro anni prima di morire, esattamente nel 1638, riuscì comunque a far pervenire ad un editore olandese la sua più famosa opera intitolata "Discorsi e Dimostrazioni Matematiche Intorno a due Nuove Scienze" che col suo metodo scientifico segna la nascita della scienza moderna dove l'esperimento assume centralità.

Galileo iniziò gli studi in un convitto a Pisa proseguiti poi a Firenze in un convento come novizio. Nel 1583, dopo un infruttuoso periodo di studi in medicina, studiò matematica a Firenze dove scoprì la legge del movimento del pendolo.

Nel 1589 ottenne la cattedra di matematica all'Università di Pisa e nel 1592 vinse la cattedra di matematica a Padova dove vi resterà per 18 anni.

Nel 1610, tornato a Firenze come primario Matematico e dopo varie vicissitudini determinate dal conflitto con la Chiesa, moriva ad Arcetri l'8 gennaio 1642, dove stava ancora scontando la condanna agli arresti domiciliari comminatagli a vita dalla Chiesa.

Conclusione

Con questo secondo libro della serie dedicata alle scienze ho pensato di far conoscere in modo abbastanza approfondito la prima teoria della relatività che Einstein descrisse nel 1905 con lo scopo di stimolare il lettore appassionato di scienza ad approfondire quella ricerca che indaga sul come il nostro Universo agisce.

E' meraviglioso conoscere come siano stati scoperti tanti concetti che per noi oggi appaiono naturali come il fuoco, la ruota, la scrittura, la medicina e come antichissimi popoli abbiano costruito, lentamente e tra molte battaglie, quella che noi oggi chiamiamo "civiltà".

Nulla è avvenuto per caso: tutto è stato conquistato da noi umani con un duro lavoro e tra grandi sofferenze.

La più grande lezione del nostro lontano passato è: "**lavorare, inventare, costruire senza fermarsi mai**!" ed ora, avanti verso lo spazio, alla conquista dell'Universo e per fare questo costruiremo nuovi e potenti strumenti per indagarlo e per navigarci.

Leggere e seguire queste cose, partecipare alle nuove scoperte, capire quanto sia grande l'Universo e piccoli noi, anche senza essere scienziati, oltre che un piacere può essere un modo per vivere meglio e distoglierci dai problemi di tutti i giorni.

Spero di essere riuscito a trasmettervi questo mia passione e vi auguro...buon proseguimento!

Linkedin: Ettore Accenti
Blog: http://ettoreaccenti.blogspot.ch/
Link ai miei libri pubblicati: http://amzn.to/1YYcPaI

www.ingramcontent.com/pod-product-compliance
Lightning Source LLC
Chambersburg PA
CBHW070154230526
45471CB00002B/656